猫の行動専門家に ぼくがなれた理由

ジャクソン・ギャラクシー

訳 白井美代子

CAT DADDY

What the World's Most Incorrigible Cat
Taught Me About Life, Love, and Coming Clean

CAT DADDY

This edition published by arrangement with Jeremy P. Tarcher,
a member of Penguin Group (USA)LLC,a Penguin Random House Company
through Tuttle-Mori Agency, Inc., Tokyo

この本を、ベニーと彼の仲間たちに捧げます――いじめられ、捨てられ、檻に入れられて、家という明るい希望の光がいつか射してくるのを待つしかない猫たちに。

そしてまた、自分の夢よりも、家のない猫たちが少しでも生きやすくなるよう頑張っている人たちに。保護施設のスタッフ、動物管理局員、里親、動物保護活動家、野良猫保護活動家、支援してくださる議員の方たち――あなた方が払ってくれた犠牲こそが、大きな意味と価値をもつのです。

最後に、里親になってくれた方々にありがとうを申し上げます。猫たちのさびしげな鳴き声を耳にしたら、そのまま立ち去ることはできなかったのでしょう。その心のやさしさに感謝します。本当にありがとう。

みんなで力を合わせれば、いつかすべての動物たちに住む家が見つかるはずです。一人でも多くの人が小さな一歩から踏み出せば、その〝いつか〟は意外に早く訪れるはずです。

CONTENTS

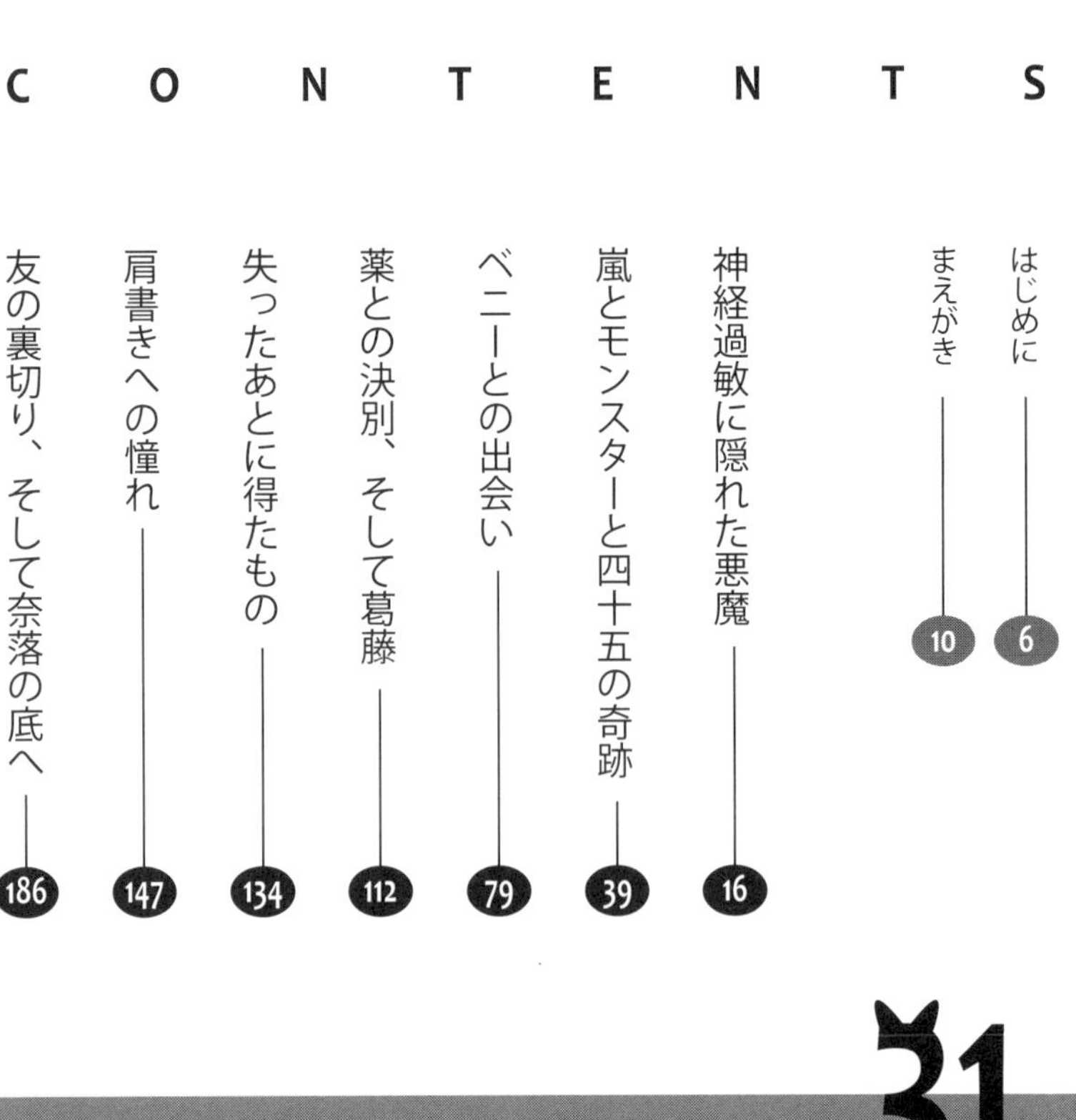

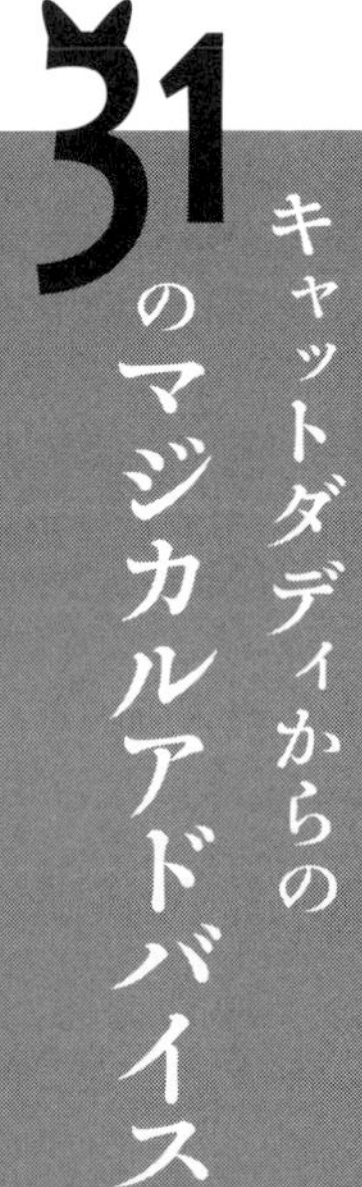

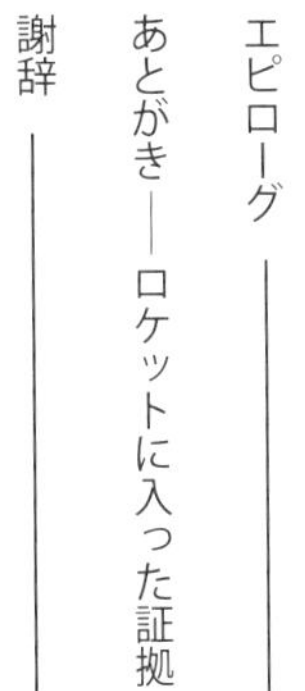
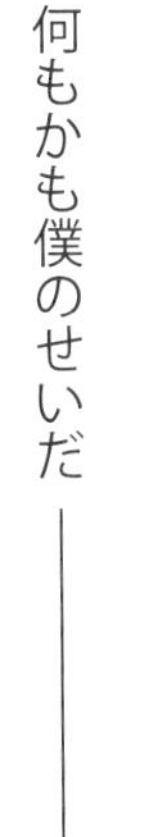

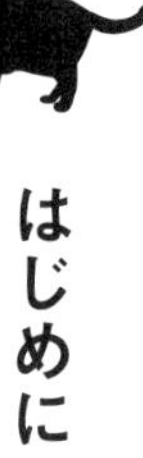

はじめに

「私は猫の行動専門家です」

そう言うと、百人中九十九人は「えっ？　あなたは何ですって？」と聞き返してくる。

「猫の精神科医、あるいは猫のセラピストというか、猫と会話ができるというか。もっと分かりやすく言えば、もしあなたの猫がベッドにオシッコをして困っているなら、私がその問題を解決してあげましょう」

それを聞いて人々はようやく納得する。そしてあきれたように「あなたはそれで食べていけるんですか？」と続き、「まあ運次第ですね」と僕は答える。大体これがお決まりのながれだ。

そのときのインタビューも「どんな仕事をしているのか。それで食べていけるのか」という内容だった。そして女性リポーターの行きつくところは、次のセリフだ。

「でも正直なところ、あなたは、〝キャットガイ〟という言葉から連想するタイプとはまったく違いますね」

おっしゃるとおり！　ほぼ全身タトゥーに覆われ、そのうえスキンヘッド。両耳からぶら下がる巨大なピアスは、あごひげと同じくらいの長さだ。そのひげはというと、胸に届くあたりまで伸びている。

これも狙いのうちなのだ。〝キャットガイ〟はこんな奴、〝キャットガール〟はこんな女性、そういう固定観念を吹っ飛ばしたい。あたたかな家を知らずに死んでいく何百万匹もの猫を救うためには、バイク野郎も政治家も聖職者も、仕事にも容貌にもかかわらずみな〝キャットガイ〟〝キャットガール〟になってもらう必要があるのだから。

このインタビューを受けてから約一年後、僕の番組『猫ヘルパー〜猫のしつけ教えます〜』がはじまった。番組では僕が動物保護施設で働きながら編み出した独自の方法で、猫の問題を解決していく。そうして飼い主と猫が絆を深め、幸せになってもらうことが番組の趣旨であり、ゴールであり、僕の願いだ。

この仕事をはじめてから保護施設や家庭で何万匹という猫たちに出会った。本書の主人公ベニーは、その中でももっとも多くのことを教えてくれた猫である。

体重三キロ、イライラの元凶とも言うべきベニーを、僕は心の底から愛していた。僕の家にはいつも妙な生き物がたくさんいたが、ベニーはその中の誰よりも、さまざまな要求を僕に突きつけてきた。性格だけでなく体にも問題を抱えていた。僕は彼のおかげで十四年近くキャットダディとしての能力を試されつづけ、さらに大きな世界へ入っていくときも謙虚さを失わずにすんだ。

ベニーの健康状態が目を離せないほど悪化したとき、僕たちはボールダーからカリフォルニアに引越していて、親しい医療専門家は誰もいなかった。僕は自分と同じ考え方の統合的治療を目指す獣医を必死に探しまわった。やっと見つけた獣医に鍼治療を受けたときのベニーはとろけてしまいそうなほど気持ちよさそうだったのに、診察台に上るやいなや敵意をむき出しにした。

この経験をブログに書こうと思ったが、ベニーと僕の旅はブログなどでは到底書ききれないと気づいた。成長、挫折、学び、愛と屈服の日々。ベニーの物語を書きたい。『猫ヘルパー』と同じように、視聴者や読者にベニーがどれほど大変な猫だったかを知ってもらいたい。そしてどんな絶望的な状況にも救いの道があることを知ってほしい。そういう目線で自分の猫を見てみると、大きな希望が見えてくるはずだ。

僕とかわいい相棒のことを本にするのは、なんの問題もなかった。ベニーも同じだと思う。ベニーは僕の人生でもっとも混乱をきわめた時期の目撃者であり共有者でもあった。

実のところ、これまでその時期のことはひた隠しにしてきた。他人に知られたくなかったのだ。しかしそれをここで語ろうと思う。

この十七年の間に動物たちと築いてきた関係は、僕にとって言葉では言い尽くせないほど大切なものだ。彼らとの関係がなかったら、僕はとっくの昔にこの世から消え失せていただろう。

けっして大げさではない。彼らをたたえるためには、僕の通ってきた闇の部分をさらけ出すしかない。

動物たちが、闇から僕を連れ出してくれた。天からどんな贈り物を授けられても頑なに拒んできた僕を、彼らが事もなげに救い出してくれたのである。そんな動物大使の中でもいちばんタフで、いちばん実績をあげたのがベニーだった。

彼との旅をみなさんにお伝えできることを、僕は心から誇らしく思う。

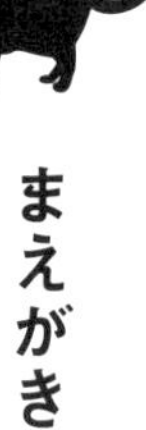

まえがき

僕とベニーとのつきあいは長い。そして波乱と混乱に満ちていた。

白とグレーのちっちゃな短毛種のベニーは、十三年以上もの間、毎日僕に難題をぶつけてきた。それに対応しようと知識を集め、少しは猫世界を理解できたと自己満足に浸っていると、ベニーはまるで見透かしたかのように皮肉まじりの冷たい視線を向けてくる。

僕たちの物語は、壊れた者同士が互いを癒した物語だ。

ベニーは、元の飼い主が「絶対になつかない」と言って、僕に引き渡した。段ボール製のキャリーバッグの中からじっと僕を見上げたベニーは、骨盤をタイヤにつぶされたひどい状態だった。

僕は動物保護施設で働きながら、僕でも仲間に入れてもらえそうな唯一の生き物たちに同情しつつ、その中に隠れようとしていた。アーティストとしての人生――ソングライター、シンガー、ギタリスト、バンドリーダー、役者、パフォーマー……要するに活気に満ちた人生――そんなものは、僕という人間からきれいさっぱり抜け落ちていた。精神障害の一歩手前からなんとか言い出したあと、僕は自己流の治療と、人を避けて孤独にひたる生活にすがっていた。

しばらく住処にしていたのは、窓もなく電話もなく水道も引かれていない倉庫だった。それでちょうどよかったのだ。空き瓶に小便をして、ほんのわずかな賃料を支払う。そして多種多様な依存症になっていた僕は、常にぼうっとしていた。

ところがそんな時期でも、二つのことだけはなんとかつづけていた。バンドと、猫との付き合い。猫たちとはますます心が通じあうようになっていた。でもこれだけは信じてほしいのだけれど、動物相手の仕事を本職にするなんて、僕はこれっぽっちも考えていなかった。ただ自分の頭の中でいつまでもしゃべりつづける声を断ち切りたかっただけだ。二十分以上の長さのまま未完に終わった自作曲に書いたとおり、〝街の雑音を逃れた平穏〟が欲しかった。

猫のうんちをスコップで取り除いてトイレを掃除し、里親を見つけて送り出す。ただそれだけやっていれば、日々は過ぎていく。そう思っていた。そうなるはずだった。

が、僕はどんどん〝キャットボーイ〟になっていったのである。猫が何を考えているのか、人間と暮らす猫がどうすればもっと幸せになれるか、その答えを求めて多くの人が僕を頼ってくるようになった。薬漬けの僕は、身体も心も魂もまともに働かなくなっていたのに……。

期待に応えようと必死に本を読み、勉強し、観察し、学ぼうとした。自分の望む方向ではないのに、何かが勝手に進んでいた。そして決定的な瞬間を迎える。キャリーバッグの中から僕を見上げるベニーと目が合ったとき、僕の身勝手な夢は吹き飛んでいった。まっとうな人生よりも自堕落な甘い人生を夢見ていた愚かな幻想は消えたのだ。

共に過ごした年月、ベニーは常に難題を突きつけてきた。身体的な問題、しつけ、あるいは両方にかかわる、神の領域に近い問題もあった。僕は全面的に屈服して、彼の要求に応えようと走りまわる毎日だった。ベニーは誰にでも噛みつく。ときにはトイレのエチケットを放棄する。ハンガーストライキをはじめることもあった。傷めた骨盤のせいで思うように体を動かせず、ときにはぜんそくで苦しみ、そして最後には、いまだ不可解な病が彼の命を奪ったのだ。

僕はベニーを助けようと奔走したが、最後には病の前に屈服するしかなかった。そうするしかなかったし、屈服できてよかったのだ。

ベニーがいなくても、猫の行動専門家として成功したかもしれない。しかし彼と過ごした大変な日々こそが、僕の歪んだ人生感を吹き飛ばしてくれた。それまでは、コンクリートで囲まれた部屋、依存症、ひねくれた見方、自傷行為などが僕の正気を保ってくれると信じていた。でもそこから脱却しないかぎりベニーの声は聞こえてこない。そしてベニーの言葉が聞こえなければほかの猫の言葉も聞こえず、彼らから学ぶこともできなかった。

僕は酒もドラッグも断ち、食事も改めるしかなかった。謙虚さを受け入れるしかなかった。しっかりと立って自ら学び、変わっていくしかなかった。ほかの人間（あるいは僕自身）のためには絶対やる気にならなかったことでも、ベニーのためなら何でもやれた。

僕はこれまでたくさんの死を見てきたし、保護施設の一員として動物も殺した。友である動物との別れの場に、数えきれないほど立ち会った。そして、ベニーの死……。彼は命の火が消えかけているときでさえ、まだ僕に教え続けてくれた。

そのころすでに僕は猫のスペシャリストと呼ばれるようになっていたが、ベニーの死を前に、まるで駆け出しソングライターだった十六の僕に戻ったかのようにオロオロするばかりだった。ベニーの死をようやく受け入れたとき、初めて僕は痛みと喪失と愛のなんたるかを教えられ、魂が高められた気がした。

ベニーの死んだ日――正確には、安楽死を施す獣医がやってくるのを待つ間――僕は彼に、これがどんな本になるかを話して聞かせた。僕たちがどんなふうに癒し合ったか、お互いが二度と間違った生き方をしないようにどんなことをしたか、それをすべて本に書くよと言い聞かせた。実際の生活に役立つ具体的なアドバイスや、僕たちが共に編み出した特別な方法と技術も入れよう。

僕はベニーを永遠に生きさせなければと真剣に思っていた。ベニーが飛び抜けてほかと違う猫だったおかげで、猫の心と体を、それまで知りもしなかったところまで見ることができた。すべての猫が――いや、それを言うならすべての動物が――理解の泉の淵まで僕を導いてくれた。そしてベニーは泉に僕の顔を突っ込み、僕が水を飲むまで押さえつけた。今、顔をあげて息を吸い込んだところで、僕が学んだことをみなさんにお伝えしたいと思う。

CAT DADDY

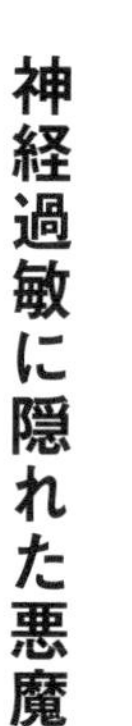

神経過敏に隠れた悪魔

作戦は万全だ。ロボットでもできそうな仕事を見つければいいのだ。バリスタ、質屋の店員、ギターの買い取りと販売、造園業（コロラド州ボールダーという標高二千四百メートルの高地において、これは台車に石や岩をのせて敷地の端から端まで運ぶ仕事という意味だ）。レンタルショップでオーディオブックを歯ブラシでしこしこクリーニングする、というのもある。

生活費のために一日適当に働く以上の労働はしない。そうすれば今度こそ、創作活動に打ち込める。昼間は曲のイメージをふくらませ、夜には僕のバンド、ポープ・オブ・ザ・サーカス・ゴッズ（サーカスの神々の教皇）で演奏しながら完成させる。

朝四時からフランスパンを配達していたころは、それが可能だった。ある二月、僕は頭から足の先まで完全に防寒していた。そんなとき、ふと歌詞が湧いてきたのだ。自分の歯がカチカチ鳴るテンポに合わせて、今でも気に入っているこの曲の歌詞が頭の中に流れてきた。

〝こんなときじゃなかったら、僕は寝ないで彼女を待ち続けただろう／そして戻ってきた彼女が僕の鍵とクレジットカードを持って行ったときも、寝たふりをしていただろう〟

続いて名曲の誕生を予感させるメロディとともに、コーラス部分が浮かんできた。フラットアイアン山脈に太陽が赤い光を投げかけるころには、「ノーツ・フロム・ザ・シェッド（物置の手紙）」が誕生していた。

僕ははかり知れないほどの安堵を覚えた。十一か十二歳のとき、自分には作曲の才能があると気づいたものの、以来ずっとその才能が涸れる日も遠くないだろうとおびえていた。だから、そんなふうに曲を生み出すたびに、深い安堵の吐息をついたものだ。「まだ大丈夫だ」と。

当然、こんなふうに天から啓示を受ける朝などほとんどなかったが、それでも僕はその特別な夜明けにこそ自分はアーティストであると自覚できた。それを根拠に、計画どおり生活できるはずだと言い聞かせ、自分をごまかしていた。

実際には、半年前に神経を病んだせいで僕の魔法のパワーなどとっくになくなっていたし、あれこれ薬を処方されたおかげで、曲のインスピレーションが湧くどころではなくなっていた。それこそがまさに処方薬の目指す効果だというのが残酷な皮肉ではあるけれど……。

処方薬のせいなのか、それとも必死に自己流の治療をやり出したせいなのか、ついには人生に希望がなくなった。自分が落ちたウサギの穴から抜け出して再び落ちないようにすること、それだけが人生の目標になった。曲を作ったところで成功するわけでもない。最小限のことだけをして生きていればいい。

問題は、僕が野望を抑えていられないことだった。質屋で働けば、そこがボールダー初のコレクター御用達の楽器店に変身した光景を妄想する。コーヒーショップで働けばバリスタでは満足できず、豆から厳選する職人になりたいと願う。そんな妄想や野心を捨てられない反面、正気を失うかもしれないと不安になり、その不安をまぎらすために大量の薬物を飲む。

神経障害を患ったことのない人のために分かりやすく説明すれば、身体からも口からも最悪な匂いをまき散らすタクシー運転手に捕まり、ドアをロックされて連れ回される。身をよじらせて逃げようとすればするほど、相手を喜ばせるだけ。精神の病は一箇所では収まらず拡大していくものなのだ。

高級レストランのキッチンでの仕事は、僕の指からはがれ落ちたいまいましい絆創膏（ばんそうこう）が客の口に入った瞬間、打ち上げ花火のごとく一瞬にして消えた。キッチンスタッフとしてのキャリアが短命に終わったとき、もう人に仕える仕事はやめようと僕は決めた。

その翌週、新聞で見つけた、動物保護団体「ヒュメイン・ソサエティ・オブ・ボールダー・バレー（ＨＳＢＶ）」のスタッフ募集広告が、まるで啓示のように目に飛び込んできた。

そうだ！　人間ではなく動物を相手にしよう。この瞬間、僕はこれまでにないほどの明瞭な確信を得た。曲を書き、バンドを続け、動物たちの世話をする――これならできる！――僕は強くうなずいていた。

面白いことに、啓示や勘による決断はたいていの場合、もっともらしい言い訳にすぎない。自分にブレーキをかけ、あまり有意義でない人生を送らせる結果となるだけだ。一見立派な決意をした根底には、精神的に満たされない思いがあった。もはや自分は人間相手では建設的な関係を築けない、という思い。とにかく僕はぼろぼろだった。人間とつきあってどうなるのか、と警戒と異常なほどの不安を感じていた。

そんなわけで僕は、ＨＳＢＶの面接を受けに行った。面接を前にこれほど自信満々だったのは初めてだった。腕全体を覆うタトゥーがちょうど完成間近だったが、自分が何者でどんな人間かを隠す理由などないと思った。僕はジャクソン・ギャラクシー。大きなアクセサリーが好きで、エルトン・ジョンばりのでかい眼鏡をかけ、アフリカンビーズやら何やらいろいろ編み込んだドレッドヘアをレインボーカラーの七色に染めている。

熱意ある男だと思わせよう。ボランティアで動物の世話をした経験（完全なでっちあげ）を買ってもらい、採用にこぎつけるのだ。大体、スズメの涙みたいな金しかもらえないのに、スコップでクソを始末してケージを洗い動物の世話をしてやろうなんて、そんな人間は僕くらいしかいないだろう。

その保護施設の責任者はオードリーという女性だった。知識が豊富で情熱的、それでいて大らかで、そして最高にセクシーだった。あのときのことは今でも忘れないが、とにかく自分でも驚いた。僕は雇ってもらおうと緊張していたにもかかわらず、媚を売っていたのだ。もちろんあからさまに襟を大きくはだけたり、金のチェーンや安物のコロンを身につけたりするような見え透いた真似はしない。さりげなく「僕はきみに引かれている」と匂わせたのだ。

自分がそんな行動をしたことは意外だったが、なぜか絶対に正しいと確信した。ロズウェルに墜落したＵＦＯ同様、宇宙のパズルをぴったりはめ合わせるという唯一の目的のために、僕はここへ来たに違いない。

そう思い込んでいたから、中古車のセールスマンみたいにぺらぺらしゃべりまくるのも少しも苦にならなかった。ぼろぼろのシボレー・モンテカルロ一九七四年モデルを指しながら、「さて、どうすればこの麗しい車に乗っていただけるでしょうか？」などと下手に出る必要はまるで感じなかった。

動物保護施設で働いた経験はあるかと聞かれ、僕はニューヨークの保護施設でボランティアをしていたという話をでっちあげた。疑問を挟む余地もないほど真実らしく話せる自信があったので、オードリーがわざわざ電話で確認するはずがないと思った。堅苦しい手順は飛ばして、すぐさま僕を副所長に昇進させたくなるはずだ。

「気の荒い動物を扱った経験はありますか？」

僕は自分の腕を指した。タトゥーで覆われているから嘘とは見抜けないはずだ。

「これ、分かりますか？　秋田犬にやられたんです。ちょっと怖かったですよ。でも……」

ちょっと顔をしかめながら、左手首近くのそばかすが集中しているあたりを見せる。

「これは本当に痛かった。信じられないでしょうけど子猫ですよ。あれに比べれば、でかい犬に噛まれるくらい、いつでもどうぞって感じです」

「同感よ！」と、オードリーもきっぱりと言った。

さて、こういう夢を見たことはあるだろうか？　そっくり返るくらい気取って歩いていて、ふと下を見ると、自分が宙に張られた一本のロープの上にいることに気づく。その途端、怖くなってバランスをとろうと必死になる。落ちるかどうか確率は半々だ。

その恐ろしい夢の中で僕がどうしたかというと、とにかく足元を見ないようにした。すると何も気にならなくなり、僕はそのまま軽やかに歩き続けることができた。『サタデー・ナイト・フィーバー』のオープニングシーンで、ブルックリンの街を闊歩するジョン・トラボルタになった気分で……。

次に〝動物の安楽死〟という難題をぶつけられたが、なんとかその場しのぎの綱渡りは成功しそうだった。

「ジャクソンさん、ここではスタッフ全員に安楽死を実践する義務があります。それができないという方は雇えません」

「もちろんです。誰かがやらなきゃいけないことですから」

「では、あなたは大丈夫なのね？」

「大丈夫といっても、まるで気にならないということじゃありません。私が面接官だとしたら、何の痛みも感じずにそんなことができると言う人間は落としますよ。事情は分かります。あなたのスタッフとしてなら、私はしっかり務めを果たすつもりです」

少なくともこの部分はでまかせではなかった。オードリーがついていてくれれば、きっとやれるだろうと思った。彼女は具体的な数字を出してきた。

九〇年代初めのころ、全国の保護施設では毎年一千万から一千二百万匹の動物が殺処分になっていた。とにかく施設が足りなかった。現在なら〝一匹たりとも死なせない〟というスローガンを目標にしても現実味があるが、当時はそんな社会など想像もできなかった。

そういう状況では正しい知識を世間に広め、避妊や去勢を勧めること、そして不幸な最期を迎えるしかない動物たちのそばにいてやること――つまり安楽死させるまでということですよね、と僕は彼女に言った。

「ひどい虐待を受けてトラウマを抱えた動物は、私たちにも助けてあげることができません」

オードリーの言葉に僕はうなずいた。ごくりとつばをのみ、何か言おうとしたが、初めて大観衆の前に引っぱり出された子どものように、緊張のあまり顔が引きつった。

「埋葬や、お墓を掘り起こす作業もしてもらいます」

僕は黙ってもう一度ゆっくりとうなずいた。

「安楽死を行ってもらう際、飼い主が同席を望むこともあります」

またごくりとつばをのみ込んだ。自分が危険な綱渡りをしていると意識したのは、たぶんこのときだけだったろう。注射針を刺す血管を探しつつ、動物と人間の両方を慰めるなんて、想像しただけで恐ろしかった。震えあがった。さすがにこの場面でうまく話を合わせるのはきつかったた

ペットショップではなく保護施設へ行こう

このペースでいくと、今年1年間にアメリカ国内の動物保護施設で約400万匹の犬や猫が死ぬ。

これまでずっと避妊や去勢手術を強く勧めてきた。というのも、これ以上ペットの数を増やすよりも、引き取り手を必要としている動物たちを里親に斡旋すべきだからだ。

保護施設に引き取られる動物たちの約30パーセントが純血種という現実がありながらも、われわれアメリカ人は犬猫生産工場（パピーミル）と呼ばれる悪質ブリーダーをいまだに許容している。

選択肢は2つにひとつ。ひとつは動物の保護者としての役目を認識し、それをまっとうするか、もうひとつは動物を使い捨て可能にする状況にこの先も目をつぶるか、だ。中道はありえない。

が、なんとか自信があるように見せようとした。

「実際に担当する前に指導などは受けられますか?」

「もちろんです。手元がおぼつかないようでは、見ている飼い主のほうが参ってしまいますから」

「よかった。それなら問題ないです」

オードリーは、僕の善意が実行を伴うものかどうか、なおも探っていた。僕みたいな人間がこれまで何人も押しかけてきたに違いない。経験はないがやる気満々のように見える奴。だが結局は、強風にあおられた安物の傘みたいに役に立たずに終わる。

僕は何度も面接の場から逃げ出したい気分になったが、それを必死に抑えつけていた。皮肉にもオードリーに探りを入れられて、冷や汗をかきながらも心臓が爆発せずにすんだのは、施設のマスコット猫「チークス」のおかげだった。夏の熱気のなかでひんやりとしたラミネート加工のテーブルの上を、チークスは堂々と歩いてくる。僕が手を伸ばすと、ぱっと逃げる。それだけでその場の緊張が解け、空気が和んだ。

そういう緊張をはらむ質問をするたびに、オードリーは必ず最後に真剣な口調で尋ねた。

「あなたは大丈夫ね?」

「大丈夫です。やります。役に立ちたいんです」

われながら驚いたことに、口をついて出たその言葉は真実だった。このころは気づいていなかったが、僕は壁をつくって引きこもろうとしながらも、心のどこかでは、人生をしっかり味わい誰かの役に立ちたいと思っていた。

一時間の面接を終えると、オードリーが施設内を案内してくれた。これでもう採用は決まったも同然だ。一緒に外へ出て庭の池を見ながら、最終的な結果はいつ分かるのか尋ねた。

「そうね、今日じゅうにはお知らせできるはずです」

まるでウィンクされたような気がした。

人生が新たな段階に入ったという確信を抱いて僕は家路についた。これまでの仕事なら「やった！　これでちょっとは金が入る。家賃もドラッグ代も払える」程度の気分だったが、今回は違う。本当に心をこめてやれる仕事だと分かっていたし、たまに不安に襲われることがあっても切り抜けられると思った。

里親希望者との面会エリアで、柵から顔を出して僕の指をなめた犬たち。一匹が僕に気づくと、蜂の巣をつついたように全部の犬が耳をつんざくほどの声で吠えはじめ、その声がエリアいっぱいにこだました。猫たちは六十センチ四方のケージからじっとこちらを見て、どの程度警戒すべき相手か推しはかっていた。その瞬間、すべての犬猫が僕に話しかけているのが分かった……。

家に向かって車を走らせている間も、今会ってきた動物たちの姿が脳裏から離れなかった。僕は必要とされている、これが僕の天職だと思った。いい気分だった。これで僕は救われる。僕の家に集まったみんなにも、そう話した。

我が家にはバンドのメンバーをはじめ、いつも十人以上がごろごろしていた。僕はその中で年長の指導者めいた存在だった。夜にはみんなで車座になって座り、水ギセルをまわす。僕はどこの長老にも引けをとらないほど真剣に語った。全員に思いが伝わるのが分かった。僕の決意と意気込み、目標を見つけた安堵感。それらが部屋全体を照らすソーラーパネルのように熱く広がっていった。

ところがそこにオードリーから電話が入り、「不採用」を告げた。

「ほんとですか？」

皮肉でも質問でもない。ただ驚いた。

「ほんとなんですか？」

いつもの僕ならその時点で「ハイ、さよなら、ガチャン」と電話を切っただろう。しかしそのときは、そう簡単に切り替えられなかった。そのうちだんだん腹が立ってきた。

「僕の完全な思い違いだったということですね」

「いいえ、そうではなくて」

「ではどういうことなんでしょう。僕は……」

怒りと恥ずかしさで顔が紅潮してきた。ブッダよろしく蓮華座を組み、〝僕の人生は今まさに劇的な転換期を迎えた〟と仲間に語っていた自分が情けなかった。

「本当にあなたが悪いわけではないんです。ただ方向性の違いで」

「方向性……あの……それって、どういうことです？」

沈黙があった。相手を傷つけずに何て言うべきか考えていたのだろう。

「残念です、ジャクソンさん。また応募してもらえたらうれしいです」

「はあ？　あの僕も……ええと……」ガチャン！

くそっ、いったいどういうことだ？　衝動で受話器をおろした途端、脳震盪を起こしたみたいに頭がふらつき、吐き気がした。それから一気に奈落に突き落とされたようによろよろと歩き出し、ドラッグを探しに階段を上がっていった。

リビングルームにいる人間九人と猫九匹が、三十六個の目玉で静かに僕の動きを追う。誰ひとり何も言わない。僕が真の不幸に見舞われたことを、みんな分かっていたからだ。

〝HSBVなんて、くそくらえ〟。僕は心の中でつぶやいた。たぶんこれまでにないほど最適の人材なのに、僕がどういう人間かを確認もしないですべてを判断してしまうなんて……。そんな奴らに僕はもったいない。

僕は自虐的なアーティストだった。ヒットしそうな曲を書いたら、それを十三分の長さに引き延ばし、キャッチーな歌詞やコーラス、つなぎのパートをすっかり取り除いてしまう。代わりに三分間のモノローグをくっつけて、絶対ここはカットしないと言い張る。僕を使うならすべて受け入れろ、そうでなければほっといてくれ、そういう自己中心的な奴だった。

ＨＳＢＶに採用されなかった理由がドレッドヘアであったことを小耳に挟んだのは、それから間もなくのことだった。施設の職員が言っていたことだからほぼ間違いないだろう。

あの施設のスタッフや動物の仲間に入れなかったという怒りは、単なるいらだちでは収まらないところまで発展した。ドラッグの量が半端ではなくなったのだ。何週間もぶっとおしで危険な量を詰め込んだ。しかもちょうどそのころ、新しい混ぜ方を発見したばかりだった。幻覚が見え、完全に思考停止した異常な世界が生み出され、ハイになってよだれを垂らしているうちに一日が過ぎていく。

女の子とも付き合いはじめた。当時は心身喪失状態だったけれど、彼女との哀しい記憶だけは今でもしっかり僕の心に焼きついている。二人で飲んで、吸って、目に入るものを片っぱしから口に放り込む。僕たちはふわふわとスローモーションみたいに動いていた。キスしようとすると唇が重ならず、歯に当たったり顎に当たったりした。そのたびに二人でぎこちない笑い声をあげた。みっともないという意識はなかった。

僕たちがつくり出した〝どん底〟という名の暗闇のなかでは、自分というものをまったく意識しなくなる。そのおかげで、誰かと一緒にいるときに、いきなり泣きたくなったりせずにすむ。つまりは、浮かれ騒いでいるようでも、まるで楽しめなくなっているのだ。

ほんの一瞬でも目を覚ますことができたなら、僕にも分かったはずだ。もはやこれは楽しいパーティなどではなく、救われたいがためのやけくそな手段でしかない。ゼリーでできたバケツで、沈みゆく船から水をかき出しているようなものだ。だが、僕は目を覚まさなかった。宇宙が僕についていてくれる、僕をむざむざ殺したりはしないと信じ込んでいた。

僕は人生のほとんどを、卵のような壊れやすい状態で生きていた気がする。荒っぽく揉まれたら割れてしまうし、優しく扱われても安定しない。周囲の人からは神経過敏だとしょっちゅう言われた。街を歩いていても、これから目の前で交通事故が起きるかのように神経をとがらせていた。

子どものころ、母方の祖母からよく聞かされた話がある。この祖母はボードビルショーに出演していた時期があり、僕以外では血縁で唯一アーティストの素質がある人だ。聞かされた話というのは、ナイアガラの滝へ新婚旅行に行ったときのことで、真夜中に祖母はびっしょり汗をかいて目を覚まし、隣の祖父を揺り起こした。

「サイ！　早く！　逃げるわよ！」。祖母は荷物をかき集めながら叫んだ。祖父は言われるまま一緒にホテルを出た。結婚したてでも、祖母に逆らっても無駄だとすでに分かっていたからだ。そしてその夜、ホテルは火事で焼け落ちた。僕にも同じ霊的能力があると祖母は言っていた。祖母にはそれが分かるらしい。

僕は四六時中、神経過敏に悩まされていた。しかしその異常な繊細さのおかげで、人間や動物の状態を見きわめる力が信じられないほど強くなった。アーティストとしての未来は決まったも同然だ。公認会計士の道など、とうてい考えられない。ブロードウェイで向こう側を歩く人を見ていれば、その腰の動きだけでいろんなことが分かったのだ。

ある日、ハンガリー生まれの父がモトローラのおんぼろレコードプレーヤーを持って帰ってきた。ツイード張りの大きなボックスで、本を開くように正面の扉を開いてスピーカーを出し、中央のターンテーブルにレコードを置く。父は本屋の見切り品コーナーで、いい加減にレコードを選んできた。だが僕はすっかり夢中になった。どんな歌だってかまわなかった。

自分でＥＰ盤を探すようになってまず買ったのは、ジャクソン・ファイブの「ロッキン・ロビン」だ。そうしてすっかり音楽に溺れていった。ディオンからザ・シュレルズまで、なんでも手当たり次第に聞いては覚え、自分で歌った。毎晩両親を観客に、一曲かぎりのコンサートを開く。

思春期になる前から、すでにここでその先の人生が見えた。人生設計だとか、うまくいくだろうか、大きすぎる夢を抱いているのではないかと不安になることもなかった。このモトローラ・プレーヤーとともに死ぬのだと、僕はすでに決めていたから。

シンガーとして（それを言うならライターや役者としても）、祖母が見抜いた繊細な神経はとても役に立った。現実的に使えたからだ。その〝実用〟のおまけとして、思いきり叫ぶことができるようになったのもよかった。ふだんの生活では今でも叫ぶのが怖い。

演技の世界を離れてパフォーマンスアートに転向した理由のひとつは、舞台でいつもとんでもない異常者役ばかりやらされたことだった。だがシンガーとしては〝感受性の強いシンガーソングライター〟というレッテルを生かし、純粋で繊細な曲を数えきれないほど生み出したと思いたい。BGMみたいなものを作りたくはなかったのだ。

パフォーマーとして生きていれば、いつでも最高の自分でいられる。十代で初めてステージという舞台に立った瞬間、ここが自分の住む場所だと分かった。ふだん感じるいらだちや自意識が、スポットライトを浴びた途端にすべて消えうせる。そして皮肉にも自分を意識しなくなったのだ。母からよく聞かされたが、幼いころの僕は母と出かけるときも蛍光色の服を着て肩まで届く大きなイヤリングをつけて、人とすれ違うたびににらみつけ「何じろじろ見てんだ」と大声でわめいていたらしい。

ギターを弾きはじめると同時に、曲も作るようになった。そして曲を作れば聞かせたくなる。僕はマンハッタンの路上で歌うようになった。ギターケースに小銭を入れてもらえるのもうれしいおまけだったが、それ以上に、集中するためには都会の雑音が必要だったのだ。路上ライブでは、すぐに人が集まった。幼いころから鋭かった観察能力は、大学と大学院でますます鋭さを増した。音楽に加えて演劇にも興味をもつようになり、大学院では演劇を専攻した。

最初に好きになったことは、舞台のために曲を作ることだった。でも裏方では満足できずにはじめた演技にしても、方法論は同じだった。問いかけるのだ。公園に出かけ、そこにいる人たちを観察して自分に問うてみる。この人たちの内側には何がある？　僕と出会う前には何があっただろう？　これから彼らはどこへ向かう？　なぜあの男は胸を張っているのか、なぜあの女は肩を落としているのか？

謎を解くための鍵を集め、自分の中で新たな物語をつくる。つまりは想像力をふくらませ、実際にいる人たち（のちには猫も加わった）をもとに物語を生み出すこと、そして足りない部分をそれらしく埋め、僕なりのプロットを作るのだ。

そのうちステージ以外でも陶酔感を味わい、自分の居場所を感じられる方法を見つけた。たばこにつづいてまもなく大麻を知ったが、それが十四歳のころだ。酒は実のところ、いつでもほかのものの代用という感じだったが、これなら簡単に手に入る。

ここで僕は、何を、どこで、どうやって、といった退屈な話をするつもりはない。ただ、ドラッグほど病みつきになる快感はほかになかった、とだけ言っておこう。一生添い遂げる男のためにバージンを捧げたいと夢見る若い女の子のように、僕は寝ても覚めてもドラッグに明け暮れた。

そう、僕はそういう若者だった。ドラッグだったら何でもやってみたかった。僕は自分が抱えた悪魔たちを、長い間ひた隠しにしてきた。依存症になっても、いつだってまともに動けた。学校も仕事も休まなかったし、書く曲のレベルは高く、ライブをすっぽかすこともない。いろいろな人たちをまとめ、ある人は堅気の人間に、ある人は遊び好きな仲間に引き合わせた。大学卒業時の成績だってそう悪くなかったし、大きな支障もなく大学院を終えた。あえて支障と言えば、脚本家を目指すクラスメイトが必ず僕を精神異常者役にしたことぐらいだろう。

だがアーティストを目指してシンガーソングライターを本職にしようとボールダーに移ったころには、次第に不安を感じるようになっていた。自分がそれまで何年もの間、危険な綱渡りをしてきたことを意識しはじめた。まともな大人として生きるには、繊細すぎることはマイナスにしかならない。

この世の中を渡っていくためには、もっと世間と自分を切り離す垣根が必要だった。長所はしばしば欠点になるということだ。


依存症になったアーティストはみな同じことを言う。ドラッグをやれば創作の新たな境地が開ける、ステージにいるときのようなハイな状態になれる、と。だが、どこかでスイッチは切らなくてはいけないのだ。みな途中で方向を見失い、精神的に導いてくれたはずの薬は、自分を破壊する武器に変貌する。

アーティストのお決まりの文句を繰り返したくはないが、深く暗い未知のものに手を伸ばさなければ真実に到達できないというのは事実だ。そして、宇宙へと開いた窓をのぞくだけにとどまらず、その窓を突き抜けて出ていかなくてはいけない。

そして、ときには銃弾が肩に食い込むより先に、麻酔を打っておくこともある。銃弾を受ける前に麻酔をかけておけば痛みを感じずにすむ。自分の手に負えない何かが、すぐそこに待ち構えているかもしれない。それなら、それに備えて感覚を麻痺させておけばいいじゃないか？

猫が家のまわりをそわそわパトロールしてまわり、窓やドアの脇におしっこをかけていくのと同じだ。それで〝よそ者〟が侵入してこなくなると猫は考えている。今までそんな侵入者がいなかったとしても、とりあえずそうしておけば安心だ。もし万が一よそ者が来た場合、ここが誰の縄張りか教えてやれるのだから。

猫が自分の縄張りを守ろうと、あちこちにオシッコをひっかけるのと同じように、薬物依存症の僕は、今後起きるかもしれない攻撃から身を守ろうと麻酔（薬）を打っておくのだ。

一九九二年にボールダーに来たときには、すでにほころびは生じはじめていた。それからわずか半年後、僕は完全に崩壊した。必死に自己流の治療をやりつつ、行き当たりばったりの仕事を入れられるだけ入れて、なんとか家賃と薬代と食費（人間用と猫用）、ギターの弦代をまかなう。

特殊な才能をもつ障害を抱えた親分が仲間を率いているような感じだった。自分で考えるべきことを他人に考えさせておきながら、僕のことを第一に考えていないとみんなを責める。今になって振り返れば、自分で自分を攻撃目標としていたんだなと思う。人間からも、ドラッグからも、いずれは手痛いしっぺ返しを食うに決まっていた。

そして実際そのとおりになり、僕はズダズダになって服を着たまま、布団にもぐって震えるだけの人間になった。毎日仕事に出かけることすら難しくなっていた。

セラピストや精神科医にもかかった。一方には話を聞いてもらい、もう一方には処方箋を書いてもらう。どちらにも入院させてくれと頼んだ。短期間でいい、それで自分を取り戻せるからと。しかし精神科医は僕の頼みを聞き入れず、代わりに薬物治療の穴へと連れ込んでいった。結局、その穴からは十年出られなかった。

立派な依存症者の例にもれず、当然僕もすべてをその医者のせいにした。僕が大事にしてきたものすべてを、医者のせいで失ったと責めた。その穴に落ちたせいで、人間関係もバンドも創造力もなくした。そしてどん底に落ちていく途中で、最大の友にして最大の敵、クロノピンを教えられたのだった。

それからの数年間、アーティストとして僕がやったことは、本当の意味での謙虚さに欠けていたように思えるが、そもそもロックンロールなんてそんなもんだろう？　だが、奇跡が起きた。僕から去っていった曲作りの女神が、動物に姿を変えて再び現れたのだ。

求人欄にＨＳＢＶのスタッフ募集が出ているのを見つけ、僕は落ち着かない気分になった。天はまた僕の顔を泥だらけにするつもりだ。忌まわしいやっかいな感情が、またふくらんできた。おかげでドラッグの量は史上空前のデラックス版に引き上げられた。

焼けつくほど暑い夏の日、あれこれ入れたり飲んだりした結果、熱気のなかで僕は冷や汗をかいていた。ほとんど全裸に近い状態でバルコニーに立ち、出せるかぎりの大声で自作の歌をがなりたてる。ルームメイト三人も一緒に歌った。

向かいのバルコニーで、帰省中の学園祭ベストカップルみたいな男女が肌を焼いていた。BGMにかけているフィッシュの曲が、僕の声でかき消されてしまうのが気に食わないらしく、文句を言ってきた。

「どういうつもりよ？　いいかげんにしてよ」とバービー人形みたいな女が言った。

無視した。今思い出すと恥ずかしいが、カッコつけてドレッドヘアをなびかせるように振っただけだった。

「ふん、うまくもないくせに！」と女が叫んだ。

そう言われて、僕は数週間前ほとんど空っぽの会場でやったライブを思い出した。客がいたのはテーブルひとつだけで、この女みたいな若い子たちだった。完全に酔っぱらっているそいつらが歌の途中で邪魔をしたので、そのうちのひとりに向かって「ハッピーバースデー」を歌ってやったのだった。

そのことを思い出した僕はますます声を張りあげて歌い、ギターをかき鳴らした。弦が一本切れた。完全に音が外れていたが、それがまたいい気分だった。

「あきれた！　どこまで頭おかしいの？」

僕は中指を立ててみせ、ルームメイトたちがさらにでかい声で笑った。

すると彼女のお相手の、等身大のケン人形みたいな奴が立ち上がった。ハンモックから身を起こすだけできれいに割れた腹筋から息を吐き出し、言葉を推しはかるように、噛みしめた歯の間から言った。

「なあ、お前ら。け、い、さ、つ、よ、ぶ、ぜ。そ、う、し、て、ほ、し、い、か?」

僕は完全にキレた。

「黙りやがれ！　黙らねえとお前の家を燃やしてやる。お前を泣きっ面に変えてやるぞ！」

声がしゃがれてきたのを覚えている。ルームメイトたちはそもそもケンカを仲裁するようなタイプではない。しかもエネルギーがあり余っている日曜の昼間、ドラッグ漬けの状態だった。

僕はハサミを持ってこいとマイクに言うと、ばかなマイクは言われたとおりに持ってきた。このときの僕は何も考えていなかった。単純にあのお人形カップルに、いやがらせをしてやろうと思っただけだ。しかし今思えば、あれが目が覚めた瞬間だったのだろう。

僕はハサミをつかむと、自分のドレッドヘアの一本を切り落とした。それを鼻に近づけると、八月のさなかに三日間履きっぱなしだったソックスみたいな匂いがして顔をしかめた。それからそのドレッドヘアの束を投げつけた。ケン人形の腹に当たった。

ケンは子どものような金切り声をあげた。試合開始。僕は次々にドレッドヘアを切り、その忌まわしい髪を手榴弾のように投げつけた。完璧そうに見えたカップルは次第に冷静さを失っていく。あちらが反撃しようと口を開きかけるたび、何カ月も洗っていない、オレンジ色や紫色に染められた髪の編み込みの束を投げつけてやった。

二人はぞっとした顔であとずさりしはじめる。マイクが僕の後ろにまわって残りの髪を切り落としていく。総攻撃に備えて氷の砦で雪玉を蓄えているみたいだった。全員がそれぞれ何本か持ち、容赦なくバービーとケンに投げつけた。

やがて戦いは終わった。僕は深々とお辞儀をしてステージを……いや、バルコニーを去り、室内に入って頭をきれいに剃った。まったく最高の気分だった。ドレッドヘアは頭皮を引っぱるし重たい。ビーズやコインが編み込まれていればなおさらだ。ときどき木の枝が混じっていることもある。自分が変わった気がした。軽くなった。僕であることは変わらないが、少なくともジグザグ頭ではなくなった。

振り返るという行為は、人間のもつ機能の中でもとりわけすばらしい部分だ。なぜならあとから都合のよい解釈をつけられるからだ。丸刈りになったとはいえ、変わり者の旗じるしをおろしたわけじゃない。〝お偉いさん〟に髪を切らされたわけでもない。酔っ払いがつまらないことを、大げさに主張したように見せかけただけなのだ。

待ちきれない気分で再びHSBVに向かった。「たまたま近くに来たから」というせりふが信じてもらえたとは思えない。僕を見たときのオードリーは、口元に浮かぶ笑みを隠そうともしなかった。

そして今度こそ、やったのだ。僕は仕事を手に入れた。

嵐とモンスターと四十五の奇跡

プレッシャーがかかったり環境が変わったりすると、ベストの自分を出せない。これこそ役者の悪夢だ。

中学一年で新しい学校に入って迎えた最初の日、時間割に授業時間、ロッカー、そしてロッカーのダイヤル式の鍵というものを初めて知った。重圧で押しつぶされそうになる。その日はずっと緊張で汗が引かなかった。ダイヤルの組みあわせ数字が合うまで八分かかった。やっとロッカーが開くと、大急ぎで数学の教科書と鉛筆、コンパス、分度器を出す。ぐさっと鉛筆が手に刺さった。芯の先が折れる。ロッカーの前に血だまりができ保健室に行くはめになった。

「大丈夫よ、心配いらないわ。これでタトゥー初体験ね」と先生は言ったが、最後ではないと言いたげな口調が気になった。実際、そのとおりになった。新しい不慣れなものを手にしたときの恐怖の痕跡は、いまだに僕の右の手のひらに証拠として残っている。

ＨＳＢＶ初日の僕は、あの中学初日とそう変わらなかった。いつも以上に前日の薬の影響が残っていた。新しい仕事に対する緊張で（そもそも嘘をついて入ったのだ。保護施設でのボランティア経験などゼロだったのだから）、咳止めシロップと大麻と赤ワインのカクテルの量をさらに増やし、それでなんとか眠ろうとしたのだ。

事前に予習用の資料や午前中の作業マニュアルを与えられていたものの、ドアを開けて中に入った途端、中一のときのパニックがよみがえった。プラスの面があったとすれば、朝のその瞬間から午後五時までとんでもなく忙しかったため、ミスの連続もおぼろげにしか記憶に残らなかったことだ。

しかし、さすがに僕も教訓を得た。床の上でばったり意識をなくした五時間後、ライオンの巣まがいの場所に迷い込んだのだ。何百匹という動物が餌を求めて叫ぶ声が、フライパンで頭を叩かれるように脳天に響く。もしかしたら夜の習慣を変えたほうがいいかもしれない、少なくともドラッグの量を調節すべきだろうか、という気にもなる。さらに匂いが襲ってくる。犬エリア、猫エリア、外の庭。それぞれが独特の臭気を発する地獄だった。

最初に配属されたのは犬の面会エリア。ここのリーダーはアリソン、僕の指導係だ。彼女に短気な面があることは、ものの数分で分かった。すでに僕は汗をかきはじめていた。

広いスペースはタイル張りの壁に囲まれ、いちばん奥の天井近くに小さな窓が並ぶだけで、反響する音が耐えがたかった。ケージの列が二列あり、向かいの住民同士でにらみあいにならないよう、間に低いコンクリート塀が立てられていた。たしか、それぞれの列に十二のケージがあったはずだ。各ケージの中央に金属の仕切りがついていて、数に余裕があるときは片側に全員を集め一度に食事をさせたり、もう一方の掃除をしたりする。スペースに余裕がない場合にはこれを壁代わりにして、二つのグループに分ける。

出勤初日、短パンに長靴、ＨＳＢＶの緑色の作業着という格好で仕事をはじめた。作業着にはすぐ汗がにじんできた。音も悪臭も耐えがたく、昼になる前に最低十回は倒れるに違いないと思った。

犬たちには僕が新顔だと分かったのだろう。数匹がケージを飛び出してきて、一瞬犬の反乱が起きたのかとあわてた僕は長靴で滑って転びそうになったが、彼らはほかの犬に威嚇してみせただけだった。色とりどりのナイロン製リードもうまく扱えなかった。経験豊富なスタッフたちは、これを投げ縄のように使いこなす。ふだんは一方の肩から反対側の脇の下にまわしていて、その格好はまるで動物たちを従えるボスのように堂々と見えた。

前線の古参兵たちの顔はすぐ覚えた。スザンヌ、ダスティン、キム、そして怖い教育係のアリソンにも、初日から魅力を感じた。彼らはバイオリンを弾くかのようにリードを鮮やかに操り、捕獲ポールを使って攻撃的な犬を連れ戻し、野良猫を〝キャッチ〟していく。

犬も猫も取り逃がし、ステンレスの餌入れさえもまともに扱えなかった僕は、彼らの才能をどれほどうらやましく思ったことか。

「やれやれ、初めてやるわけでもないでしょうに」

ナイロン製リードの失敗が三回目を数えたとき、アリソンはきつい口調になった。

「いや、あの……」

「頼むわよ、ほんとに。ちゃんとやってちょうだい」

幸いにして、それからあとはおぼろげな記憶しか残っていない。

仕事をはじめてあっという間に半年が過ぎた。

HSBVの人たちはまず裏方から訓練をはじめ、動物たちとじかに触れあう。朝ケージを掃除し、動物たちに食事をさせ、里親希望者との面会エリアの準備をする。そのすべてを手早く終えなくてはいけない。動物たちとふれ合い愛情を示す時間はほとんどなかった。ケージからケージへ移動し、餌入れを置き、また片付ける。彼らに愛情を示すにはその間を使うしかない。

重い身体を引きずって到着してから、三時間後には開館だ。その時点ですべての動物がきれいな体になっていて、食事もすませ、施設内はゴミひとつない状態でなければならない。空き時間など皆無だ。煙草を吸いたければ、外のブタやニワトリに餌をやりに行くときに急いで吸う。

ほどなくして僕は受付の仕事にまわされた。迷子の動物や、捕まってしまった動物を受け入れ、何らかの理由で保護されたペットを探しに来た飼い主を案内する。はたまた里親希望者の相談に応じて、それぞれにふさわしい動物を探す。そして——これが何よりも報われる部分だ！

——収容された動物たちに新しい家を見つけ、この施設から送り出すのだ。

一日が終わるとスタッフの誰かの家に集まり、施設で被ったダメージを癒す。アドレナリンが出っぱなしの一日のあとは、藁葺き屋根が焼けたみたいに、心にぽっかり穴が開いてしまっている。その穴を薬の力で埋めて、ふわふわした足をもう一度しっかり大地に引き戻さなくてはならなかった。

たいてい受付の責任者であるロニーの家に集まり、大量のマリファナを吸う。そのあと僕はシャワーを浴びる。HSBVでの仕事が決まってまもなく、水道の引かれていない倉庫に引っ越したので、ここで身体をきれいにしてからバンドの練習に向かうようにしていた。

本当に活気に満ちた日々だった。もはや給料をもらうためだけに仕事に行くのではない。掃除をして、動物たちを癒し、元気づけ、新しい家を見つけ、人間と動物の絆をつくる手助けをする。ここで暮らすようになった動物たちすべてについて学び、彼らを守り、そして愛してやる。仕事を滞りなくこなせるようになったからといって終わりではない。思いやりをもって働くことを学ばなくてはいけないのだ。

同時に、毎日生と死を扱うのに慣れること――少なくとも耐えられるようになること。墓を掘り返し、新たな遺体を埋める。初日からそれをやった。仕事をはじめて一時間のうちに、死んだ動物の匂いを知った。夏だったから、車に轢(ひ)かれた動物はあっという間に悪臭を放ちはじめた。

保護施設で働いていると、塹壕戦(ざんごうせん)とはこういうものだろうと想像がつく。ちょっと先に目を向けただけで何が起きるか分からないから、目の前のものに集中する。

勤めてすぐに安楽死を行う訓練がはじまった。早い段階で死に直面させるのは、施設側としては簡単にギブアップしてしまう人間を早めに見極め、無駄な時間と労力を使いたくないからだ。

施設で働くスタッフは情のないロボットだと思われがちだが、けっしてそんなことはない。むしろ逆だ。僕は今まで、あれほど揺るぎない情熱で動物たちに尽くす人々を見たことがない。それは偽りもない事実だ。彼らは毎日毎日心をこめて動物たちの世話をし、ときに不本意ながら安楽死の処置をする。

最初の数週間は訓練の一環として、避妊・去勢クリニックに通った。そこの女性獣医師は完全に燃え尽きた状態だった。そもそもあまりに手術数の多い病院で働くべきではなかったのだ。彼女の内側にくすぶる恨みは新人の僕にだって分かる。

そのときはラブラドールミックスの避妊手術（実質的にはぎりぎりの段階での堕胎）だった。腹には子犬が六匹か七匹いた。獣医がその胎児たちを子宮膜ごと取り出し、それから僕がその胎児にペントバルビタール・ナトリウムを注射する。僕たちはこれをブルージュースと呼んでいた。子宮は青くなり、そしてもう十五年も前のことなのに、子犬がステンレスボウルの中に落ちる音を、今でも忘れられない。

僕はこういう現実にしっかり対応できるところを見せたかった。「大きくなったら勝手にどこかへ飛び出していくのに、どうして殺さなきゃいけないんです？」などと言い出したりするような未熟者ではないことを証明してやりたかった。

生まれる前の子犬に注射している僕に向かって、獣医は冷酷なスピーチをはじめた。同じ話をこれまで千回以上してきたに違いない。

「あなた、なんてお名前でしたっけ？」

「ジャクソンです」

「そう。ではジャクソン、飼い主がきちんと避妊手術を受けさせないと、こういうことになるの」

またひとつ、死んだ子犬の入った袋が大きなステンレスボウルに落ちる。獣医はその音を句読点代わりにしていた。僕は生きた心地もしなかったが、それでも彼女が話をつづけるうちに、吐き気を伴う恐怖が怒りに変わっていった。〝スケアド・ストレート（恐怖を実感することによって未然に危険を防止すること）〟を実践しているようなもので、肝が据わってくる。

「うるせえな、俺はパピーミルじゃねえよ」「俺はちゃんとした飼い主の側なんだ」と心でつぶやいた。

そのときふいに、昨夜ロニーから聞いたフレーズが頭に浮かんだ。六十センチ近いセラミック製の水ギセルからひと口もらったとき、彼が口にした言葉〝共感疲労〟。この獣医こそ、共感疲労のシンボルキャラクターにふさわしい。これからどれだけ長く動物相手の仕事をつづけたとしても、この獣医は僕の辞書から消えることがないだろう。

ロニーの説明によれば、保護施設で働く人間によく見られ、いつの間にか忍び寄ってきて、その人をのみ込んでしまうのだという。トイレの始末をして、書類作業を機械的に片づけて、生まれる前の子犬を句読点代わりに使うようになったら――もうそいつは終わりだ。

動物たちを深く愛し世話をしている人たちの前に、動物たちは次々と現れる。どんどん数が増えていく。そしていつか、〝もうこれ以上つづけられない〟というときが来る。すると誰でもいいから、この苦しみのすべての責任をかぶせられる相手を探すようになる。じわじわと日ごとに忍び寄ってくるその限界点に、本人はまったく気づきもしないのだ。

その時点での僕に燃え尽きる心配がないのは明らかだった。僕は歓喜の声をあげて急流を下り、動物愛護者としての新たな人生をひた走ろうとしていた。いや、すでに走りはじめていた。だが僕の熱意と、これまでの小さな嘘の数々が、大きな反動となってぶつかってきた。安楽死というものを、僕はまったく経験したことがなかった。

E／C（安楽死／埋葬）スケジュールに自分の名前を見つけたとき、僕は恐ろしさで足がすくんだ。保護者になったつもりで、自分勝手な生き方とは違う世界にいるのだ、多くの生き物たちの世話をしているのだと、そのことにしびれるほどの喜びを感じていたものの、安楽死への不安はずっと心の奥に潜んでいた。この建物の隅々で、常に死は待っている。僕たちが抵抗するのをやめ、避けられない運命に屈服するのを待っている。

自分の未熟さと、僕はまっすぐ向きあった。やらなくてはいけない。強い絆で結ばれたこのチームのメンバーとして、みんなと対等になろうと僕は誓った。安楽死を行うことで、痛みを共有するのだ。

僕が初めて安楽死に立ち会った動物は犬だった。ピットブルとラブラドールのミックス。当時も今と同じようにピットブルやその系統のミックスは、殺処分される犬種としてダントツに多かった。

その犬はひどくおびえていた。野良犬だったらしく、何をやり出すか分からないため、捕獲棒で首を引っぱられながら連れてこられた。僕は気合いを入れねばと、ひたすら作業に集中した。保管庫の鍵の番号を思い出す。睡眠薬を取り出す。この犬の体重を考えて、〝緊張を和らげる〟ために必要な量を頭の中で再確認する。

話しかけなくては。いちばん苦しい今こそ、支えてやるんだ。しっかりしろ。ジャクソン、ちゃんと呼吸するんだ。規則正しい、ゆっくりした呼吸をしろ。鎮静剤を打たれていても、こっちがビビっていたら犬に伝わる。すると犬もおびえてしまう。ブルージュースを注射器に入れる。自制を身につけろ——犬の頭をそっと横に向かせ、注射を打つスタッフが噛まれないように歯を遠ざける。動脈の見つけ方を覚えておくこと。脚のいちばん上のほう。そこでなければ背中だ。

僕はここで何年か過ごすうちに、ほぼどんな場所にでも注射を打てるようになった。

望みは目の前の動物に安らぎを与えることだけ。こういう考え方は逃げに聞こえるかもしれないが、その時点でやるべきことをやるしかない。犬は頭を僕の腕に預けていた。

オードリーが注射を打つ。犬がふっと息をつき、この世を離れていくのが分かった。あらかじめ敷いておいたタオルの上に、そっと犬をおろす。そのまま一分くらい沈黙の時間をもつ。このとき以来、それが僕の習慣になった。哀悼の意味での黙祷とは少し違う。むしろ相手を尊重する意味合いというのだろうか。新しい世界に落ち着けるまでの時間を与えてやりたい。

生は死へと移り変わっていくものだと考えることで、僕はそのとき救われた。今もそうだ。命から力が消えていく瞬間を数えきれないほど見てきた。だが一度として、動物たちが去っていくのは当たり前だと軽んじる気持ちになったことはない。

僕だって坊さんじゃないから、死を見るのはいやだ。美しい動物が、死なずにすんだはずの彼らが、人間側の理由で死んでいく。恐ろしいし、いつだってつらい。単純明快だ。

そして僕はだんだんと安楽死を受け入れない道へと進み出した。務めは果たさなくてはいけない。だがこの耐えられない仕事が必要なくなるように、元の部分から変えていきたい。そのために自分にできるかぎりのことをしよう。避妊と去勢の必要性を広く世間に訴え、HSBVのスタッフとして、この状況を変えていこう。

ここに来た動物たちから気力と生命力が消えないように手を貸すことはできるはずだ。多くの場合、そういう力を失うことが、E／C（安楽死／埋葬）リストに入れられ、この冷たく湿った部屋に連れてこられる理由になるのだから……。

初めて安楽死についての〝知的な議論〟になったときにつらい思いをしたのも、そういう部分と関係がある。あるパーティでのことだった。相手は保護施設で働く人間ではなく、本人の言葉を借りれば〝動物愛護論者〟だった。話の方向が変わったきっかけは、彼のこんな言葉だ。

「経験から言わせてもらえば、どんな動物だって保護施設で死なずにすむはずなんです」

彼の言葉の裏には僕への辛辣な非難がただよっていた。それまでも、僕たち施設のスタッフは〝残酷なロボット〟だの〝殺し屋〟だのと言われているらしいことは知っていた。僕たちを攻撃する言葉のリストを作ればいくらでも出てくるだろう。

しかしこのときは、知らぬ間に飲み物に異物が入れられたような気分になった。ここまで残酷な侮辱はない。気楽な会話にまぎれて、こんなひどい言葉が発せられるとは。頭がふらついて言葉も出なかった。そしてその、言葉を失った瞬間に憎悪が生まれた。

リリーというすばらしい友人がいる。ボランティアとして施設に来ていた彼女は、九〇年代末にベストフレンズ・アニマルサンクチュアリのことを知り、すっかり夢中になった。かなりの額の寄付金も送るようになった。そしてＨＳＢＶに動物を預けようと考えている人たちに、ベストフレンズがあるユタ州までドライブをしてはどうかと説得した。そこではすべての動物が安楽死という亡霊に悩まされることなく、ベストフレンズが所有する広大な谷間で暮らしている。

僕はひどく……なんだろう、恨んだのか？　嫉妬したのか？　その両方に違いない。自分の心の暗い奥底では、そこで働きたいと強く思った。だが一匹たりとも殺されることのない聖域（サンクチュアリ）のみを動物保護のモデルとする世界は、当時も今も目標であって、現実ではない。誰かが、使い捨て社会の犠牲者たちを相手にしなくてはいけないのだ。

正しい方向に向かっていることは間違いない。保護施設で殺処分される動物は、当時は毎年一千二百万匹いたが、現在では四百万匹にまで減った。しかしそれでも保護施設に引き取られた動物たちの多くは、毎年そういう死に方をしていくしか道がない。悲しくつらいことだが、それが現実だ。動物の数はいまだにあまりにも多く、そして保護施設の数はあまりにも少なすぎる。

もちろんここには、地域猫と呼ぶ外猫は含まれていない。こういう猫たちは外でつきあう人間が捕まえて去勢や避妊手術を行い、元へ戻す。飼われている猫よりも当然寿命は短いが、彼らを捕獲して殺処分することはない。彼らは保護施設にいる動物ではないからだ。

今ここで言っているのは、捨てられた動物のことだ。捨てられ、自分たちで生きていかなくてはならなくなった動物たち。逃げ出して、二度と家に戻らなかった動物もいるだろう。その多くが保護施設に来たときにはひどくおびえ、心を閉ざし攻撃的になっている。攻撃的という言い方は間違いで、彼らは自分の身を守ろうとしているにすぎない。そういう動物たちのリハビリをしたくても、スペースも資金もまったく足りない。

彼らの運命は二つにひとつだ。保護施設で愛情深いスタッフに見守られて死んでいくか、あるいは道端で死んでいくか。保護施設で得られる愛情がたとえ束の間のものだとしても、少なくともその愛情は本物である。

どんなに偉大な活動も、それが芽生えて間もないころに糧となるのは正義の怒りだ。顔を真っ赤にして怒鳴り、指を差して非難する。悪いことではない。しかしシステムを変えていくためには、怒りをバネにしなければ前に進めない。そしていつかは口だけでなく、実際の作業に使わなくてはいけない。その作業は常にやっかいなものだ。

今では〝一匹たりとも死なせない〟という動きが高まり、ベストフレンズをはじめとする団体が現状を変えようと具体的な計画を実行に移している。もはや都合のいい標的に怒りをぶつける段階を過ぎて、その先に進んでいるのだ。それでもいまだに情報を集めて武装し、口角泡を飛ばして糾弾する人間はいる。

最悪なのは、殺処分を行う保護施設は大体において怠慢だという批判だ。僕が〝残酷なロボット〟呼ばわりされたように、現場の人間は毎日そんな悪口をぶつけられている。だが、そうだろうか？　本当に？　保護施設で働く人たち全員を、冷酷だから動物を殺すのだと責められるのか？

現実の問題に対して自分は何の手も下さずに、「殺すな」と叫ぶだけの奴ら全員（幸い、数は減りつつあるが）に言いたい。

「うせやがれ！」

一匹も殺さないと言って寄付を集め、目の見えない猫や年老いた犬を引き取ろうとしない保護施設にも言いたい。そういう施設は評判に傷もつかず、引き取り手が現れなかった動物たちに安楽死の処置をとらなくてすむだろう。保護施設が安楽死させてくれたら自分は手を汚さずにすむ、とひそかに笑っている奴らもだ。くそったれ！

保護施設の支援者になってくれそうな動物好きを甘やかす必要はない。必死に貯めたお金を寄付したら問題が解決するなどと信じ込ませてはいけない。

僕は本来偉そうに説教する人間ではないけれど、ここでは言わせてほしい。〝一匹たりとも死なせない〟というスローガンを唯一の答えとして振りかざすことは、間違ったシステムに閉じ込められた動物たちや、そこで働く人々への侮辱だ。それは当時も今も変わらない。

怒るならシステムに怒りを向けろ。システムを変えるために自分で行動しろ。僕たちが動物のために働いているのは、動物を愛しているからだ。

僕たちは誰よりも愛情が深いとは言わないが、誰にも負けないくらいの愛情を注いでいる。そして僕たちの一人ひとりが、今自分たちがやっていることをやらなくてすむ日が来ることを、苦しいほどに願っている。それを疑うというなら、ああ、あんたもくそったれだ！

安楽死を行うのはつらい。だが、死の近づいた動物を預けに来る飼い主からその理由を聞くのは、また別の意味でショッキングな経験となる。

「十四歳の猫を引き取ってほしい。自分たちに子どもが生まれるから」

「犬を手放したい、……この子はがんになったから」

虫の居所が悪い日には、こういう飼い主たちに堪忍袋の緒が切れることもある。ある日、愛らしいローデシアン・リッジバックを連れてきた男に、マーサが応対した。

「本当に悲しいですが、手放すしかありません」と、その男は言った。

マーサは犬にリードをかけ、膝をついて顎を撫でてやった。彼女は立ちあがり、リードを引いて犬舎のほうに向かおうとした。

「どうして手放すことになったんですか」

「引っ越すんです」

マーサは凍りついた。「どこに引っ越すんです？　中国へでも？」

マーサが施設をやめたのは、それからまもなくのことだった。

こういうことがあった日には、違う視点で考えようと心がける。そういう飼い主は、少なくともペットを路地に放り出したり、誰もいないアパートメントに置き去りにしたりせず、保護施設に預けに来たではないか……と。

実際、こういうことは驚くほど頻繁に繰り返されていて、昔も今も変わらない。世間が動物たちをどう見なしどう扱うかを、僕はここで知った。その実態は、不幸な動物たちを殺す行為よりもはるかに残酷だ。

僕はメッセンジャーにすぎない。メッセージの発信元は、言葉をしゃべらず二本足で歩かない生き物たち。そして送信先は言葉をしゃべらない動物たちの価値を認めようとしない世界だ。

動物を安楽死させてほしいと、安易に施設に連れてくる人々が多いというこの事実が、僕の新たな使命を果たすうえでの指針として影響しないわけがなかった。

迷い犬を抱きしめ、彼の守護天使となって、最期のときを見守る。「おまえは愛されているんだよ」とささやき、愛に満ちた時間だけを感じて死を迎えさせることしかできない——こんなひどい状況を少しでも変えることができるはずだと、僕は確信していた。

保護施設に平均的な一日なんてものはない。「今日はこういう日にしよう」と思って家を出るような贅沢は、一日たりとも望めない。前の仕事は一日八時間、レンタルショップでオーディオブックを歯ブラシで掃除しているだけだった。だがＨＳＢＶに来てからの僕は、毎日熱中し、一瞬一瞬に集中していた。ここでは次の瞬間、何が起きるかまったく分からないから。

ある朝、僕は目覚ましがなったのに気づかず寝過ごしてしまった。前夜、僕のバンドが深夜パーティに出演し遅くなってしまったのだ。倉庫に住んでいれば、こういうことも起こりうる。頑丈な扉がついているだけで窓がないからだ。時計のベルで起きなかった場合に目覚ましになるのは、金属扉に射し込む強烈な日差しだ。まだ携帯電話のない時代だったが、電話線も引いていなかった。トイレさえついておらず、完全に世間から切り離された状態だった。

そのとき僕は目下の状況を把握するなり、必死に駆け出した。クビになったらどうしようと真剣に気にしたのは、この一度きりだ。建物の中に飛び込んだとき初めて、靴を履いていないことに気づいた。裸足のまま倉庫から車まで走り、施設まで車を飛ばして、着いたらすぐまた土と小石の混じった道をダッシュしてきたのだ。

靴を取りに戻れば午前中の仕事に遅れが生じる。そこでその日は、ワンサイズしかない大きなゴム長で一日過ごした。僕自身とは無関係の存在に対して責任をもつこと――僕が食事をさせ、薬を与え、世話をして、できることなら最後は新しい家へと送り出す――それはまったく初めての新鮮な感覚だった。

猫のケアこそ自分の天職だと悟ったとか、そういうことではない。これまで一度として〝キャットガイ〟を自認したことはなかったし、子どものころは犬を飼っていた。初めて猫と暮らすようになったのは大学のときだが、そのときも、僕の道は音楽と決めていたから、そんなに猫に夢中になったわけでもなかった。

だがHSBVでも、よその施設を訪問したときにも気づいたのは、明らかに〝犬が中心になっている〟ということだった。意図的に猫を冷遇しているとか、猫への愛情が薄いというわけではなく、犬のほうが理解しやすいからだろう。つまり〝矯正しやすい〟のだ。

ボランティアに頼む仕事のひとつに、早く引き取り手が見つかるように犬を人になつかせる訓練がある。施設の裏手の曲がりくねった山道を散歩させることもある。犬にとってはうれしいことだらけだ。

猫はそこまで恵まれていない。彼らはステンレス製のケージに入れられ、いきなり指先や足を突っ込まれないか、妙な匂いが漂ってこないかと常におびえている。猫好きのボランティアは一緒に山道を散歩するわけにもいかないので、たいていはブラッシングしてやるか、空いたミーティングルームに連れていくくらいだ。その程度では過剰なストレスを強いられた猫たちの不安解消にはならない。

犬にはあまり見られないが、ずっと閉じ込められていた猫は、ますます引きこもるようになる。ケージの柵に背を向け、トイレの砂にしゃがみ込むか毛布にもぐり込むかして、隠れる場所もないのに隠れようとする。

里親希望者がケージの前にいるのは平均四秒だ。そのわずかな間にそんな姿しか見なければ、人々は、心を閉ざした暗い猫だ、悲しみに沈んだ猫だと思うだろう。そんな猫を誰が引き取ろうと思うだろうか。そうしてせっかく里親希望の人が来てくれたのに、見向きもされず、そのまま安楽死への道をたどることになるのだ。

その〝心を閉ざした暗い表情〟〝ただよう悲しみ〟が、僕にとって新たな道へ進むきっかけとなった。自分に猫をしつける才能があるらしいと分かりはじめていたこともある。だがそれよりも、人間に向けた一瞬の動きが、〝私の猫〟か〝私とは合わない猫〟かを決定するサインとなることを発見したのだ。一瞬の視線、ケージの前のほうへと踏み出す足、柵の間からこちらに向かって伸ばす前足などなど。

僕は猫の行動に関する本を手当たり次第に読みはじめた。そしてそこに書かれた言葉をひとつ残らず吸収した。自慢じゃないが、挿絵のある本以外は読む気がしない人間にとって、これは途方もない快挙である。

猫について何かしら知識を得ると、僕はすぐ猫のケージのところへ行って、行動を観察した。プレイセラピー（遊戯療法）や、褒めて伸ばす「正の強化」を初めて試したのは、すっかり引きこもってしまった結果、安楽死リストに入れられることになった猫たちを相手にしたときだ。

業務を終えてから、どんな遊びがもっとも効果があるのか試してみた。あるいはクリッカートレーニング（クリッカーは、動物が望ましい行動をした瞬間を音で伝える道具のこと。クリッカーをならすたびにご褒美を与えていると、「クリッカー音＝成功＝ご褒美」となり、飼い主の望む行動を理解するようになる）を利用して、柵越しにハイタッチできたらクリッカーを鳴らして褒美をやる訓練もした。ハイタッチしてくれる猫なら里親希望者の目を引くはずだ。

そこまでの芸ができなくても、少なくともケージの前のほうまで出てくるようになれば希望が見えてくる。ある猫で答えが出ると、次の猫で試してみた。どの猫でも成功した。

施設のマスコット猫チークスまで実験台にしたが、このときは一部の同僚と論争になった。チークスは施設内に巣食っているネズミの大群を追いかけまわし、そして当然食べる。糖尿病のチークスにはいいことだと僕は主張したが、口にくわえたネズミを引きちぎる姿を見ると、誰かが必ず止めようとする。

それがよくないのだと、僕は同僚やボランティアはもちろん声が聞こえる範囲内にいる人すべてに熱をこめて訴えた。チークスをしっかり見てくれ、彼は病気を乗り越えて猫らしく生を楽しんでいるじゃないか、と。

より深いレベルで猫を理解できると気づいたのはこのころだ。自分にそんなことができるとは、それまで思ってもいなかった。猫が悲しんでいる――擬人化した表現は嫌いだが、ほかに思いつかない――という事実だけでなく、その理由も分かった。

施設にいる犬たちはそういう悲しみを、人間の心に訴えてくる。犬はどうすれば人間が反応するかを知っている。犬は人類と共に旅をつづけながら、人間同士のつきあいと同じようなかたちで人との関係を進化させてきた。つまり犬は、どうすれば人の心をつかめるか承知しているのだ。もちろんそれができない犬もいる。心を閉ざして人間不信に陥っている犬もいる。だが、概して人間への訴え方を習得している。

一方、猫は、人間に飼われて進化しながらも、人間の心に訴えるとかそういう部分では犬とは大きく違っているようだ。つまりそういう才能を習得してこなかったのである。それなのに今僕は、世話をしているどの猫を相手にしても、顔を見れば会話ができると思うようになった。

誤解のないように説明しておくが、会話といっても「どうしたんだい、チャーリー?」と猫に尋ねたら、「よく聞いてくれたね、ジャクソン。あの蛍光灯がちょっとまぶしすぎるんだ。それからこの汚れた容器を片づけてくれるかな?」とチャーリーが返してくれるとか、そういうことじゃない。

そもそも動物とコミュニケートできる人とはどういう人間なのか。コミュニケーションの定義

猫魔術入門
――猫の幸せのための環境づくり

猫の幸せのためには豊かな環境づくりが欠かせない。猫の世界に入れてもらうため、つまり猫色眼鏡を通して世界を見る方法を知るためには、次のことを入門の儀式としてやってみよう。

①猫は狩りをする動物だ

彼らにとって遊びは狩りと同じ。狩りをしないと自分の場所を失うことになる。だから猫と遊ぶときは〝狩って、捕まえて、殺して、食べる〟という段階を踏み、相手がいるかたちで遊ばせる。それを毎日行うこと。

②猫には自分の縄張りが必要

猫はそのエリアを、匂いと、目に見えるかたちでマーキングする。柔らかいベッド、毛布、爪研ぎグッズなどをたっぷり用意しておこう。そしてそれらを、縄張りとして重要な場所――つまり、あなたの匂いがする場所！――に置いておく。

③猫はすべての部屋を３Ｄでとらえている

猫にとって床だけが行動範囲ではない。ソファも、高いスツールも、本棚も含まれる。部屋中すべての面に届くようにしてやれば、縄張りの安全がさらに確保される。

は〝情報を与えたり交換しあったりすること。感情や考えをきちんと伝える、あるいは共有すること〟だ。であるならば、僕はコミュニケートしていることになる。パフォーマーと聴衆との間に生まれる至福の境地を除けば、動物と触れ合うときに生まれる穏やかさは神の領域に近いとさえ感じる。この感覚を、瞑想に似ていると言った人もいる。

交わし合う小さなまばたきやうなずき、見開いた目、細めた目、そのすべてで互いの波動を感じとる。相手が息を止めると、こちらも息を止める。僕の腕に鳥肌が立つと、一メートル先にいる相手も毛を逆立てる。僕がちょっとだけ顎を上げると、相手はリラックスして僕を受け入れる。ベッドの下にもぐり込み、壁から離れようとしないのを見れば、僕は泣きたい気持ちになる。どれほどおびえているんだろう……と。僕たちは同等なんだ、怖がらなくていいんだ。

コミュニケーションとは、クモの糸でつながっているかのように同じものを共有し理解すること。そしてそれは、人間の言語では言い表せないほどの感覚だ。

番組でクライアントと対したとき、彼らの猫が何を感じているか説明しなければと思うと、プレッシャーがかかる。言葉でうまく説明できないと、ほとんどの相手はがっかりすると同時に苛立ってくる。

動きやエネルギーの温度差などを通訳することはできる――だがそれ以上のことは、とにかく仲介しようがないのだ。隠そうとしているわけでもないし、僕のほうがあなたの猫のことを分かっている、と内心笑っているわけでもない。ただ単純に人間の言葉では、猫が猫語で言ってい

猫は訓練できる！〈クリッカートレーニング〉

クリッカートレーニングとは褒めて伸ばすことを基本にした訓練法で、イルカやクジラ、ニワトリ、ハト、猫、犬などあらゆる動物に用いられ大きな成果をあげている［カレン・プライア著『猫のクリッカートレーニング』（二瓶社）参照］。動物をばかにしたような芸（ジャンプして輪をくぐるとか、自転車に乗るとか）を教えることに、このすばらしい道具を使うのはどうかと思うが、クリッカートレーニングでは次のようなことが可能だ。

①猫と暮らしていくうえで好ましい効果を得られる。たとえば、あなたが食事の支度をしている間、猫はちゃんと座って待っていられるようになる。

②規律ある行動をすることで、猫と気持ちを通じ合わせることができる。

③アジリティー・トレーニング（障害物などを用いて敏捷性を養う）で①と②を組み合わせれば、猫の心身を鍛えながら猫との絆を強めることができる。

ることを伝えられないのだ。

この、猫たちの言葉が分かる、という夢のように素敵な感覚を多くの飼い主に感じてもらいたい。ちょっと踏み込んで猫の目線になるだけで、その感覚は分かるはずだから……。

僕に何か役割があるとしたら、おそらく、ベンジャミン・フランクリンの雷実験につかわれた凧(たこ)のように、猫の気持ちを伝導することなのかもしれない。動物の経験を人間に当てはめて再現することは、僕にはできない。いや誰にもできないはずだ。それなのに答えを得られないと知るや人間はいらだつ。僕が猫と一対一で過ごしてから戻ると即、「ラルフィーは何を考えているんでしょう?」と尋ねられても、僕に答えられるわけがない。

もちろんそのころの僕は、そんな分析めいたことは考えていなかった。ただ動物を守る者になりたい、動物の世話をしたいということだけだった。自分にはそれができると分かっていたし、自分だけでなく多くの人にそうなってもらおうとした。

同時に、猫と人との橋渡しをするためには、人間用の語彙とか知識とか、そういったものを身につけなくてはいけないことも分かった。僕は「猫世界と契約を交わしたぞ!」と大声で叫びたい気分だったが、ギャラクシー(銀河)なんて名前にタトゥーとひげ、それだけで十分イカれた奴だと見られてしまうはず。認めてもらうためには、それなりの肩書きが必要だ。それも僕には分かっていた。

それから数カ月のうちに、僕はHSBVの受付の責任者になった。信じられない話だ。いきなりそんな立場になるなんて、とんでもなく恐ろしいことだった。なぜならそこは燃え尽きた人間のための場所だったから。

保護施設ではどんな役目でもきついのに変わりはないが、受付の責任者となると人間を相手にしなければならない。十二年も飼っていた動物を「飼うスペースがなくなったから」と放り出すような人間を、である。

保護施設で働こうとする者の多くは、程度の差こそあれ、それぞれに燃え尽きた部分を抱えている。受付にまわされたということは、ほかのスタッフよりも外交能力があると見なされたということだが、それは嫌み以外の何者でもない。

受付に座らされるプレッシャーたるやハンパではない。前任者のロニーは難しい状況も見事に解決し、スタッフの気持ちを落ち着かせるのも非常にうまかったが、そんな彼でさえ疲労しきっているのは明らかだった。ドアを閉めて部屋にこもると壁やコピー機を蹴飛ばし、そのうち僕やほかのスタッフに向かって延々とまくしたてるようになった。

そしてついにある日、切れてしまった。何が最後の一撃になったのか分からないが、突然ロニーは爆発した。書類を宙にばらまくと、本当に出ていってしまったのだ。出口に向かう途中、彼は首にかけていたレジのマスターキーを力いっぱい投げつけた。わざとではないと思うが、たまたまそれが僕の後頭部を直撃した。こうしてロニーは施設を去った。〝ありがとうございました。ゆっくりお休みください〟と言うしかない。

その翌日、僕と、同じ週に雇われた友人とが――職務経験が半年にも満たない二人が――共同責任者となった。

この表現のしようのない気分を分かってほしい。ある目的地に到達したとき、〝違う、これじゃない。これは自分が望んだものじゃない〟と知ったときの愕然とした思いを……。こんなふうに感じるのが自分だけだったら悲しすぎる。

ある日、目を覚ました瞬間に思う。〝……ボールダー。そこだ！　そこで僕はアーティストとしての頂点を迎える。ボールダーに行けばインスピレーションが湧く。そこで出会う人たちが僕を動かす。あそこの山々もきっと気に入る……〟

山の頂きに囲まれたその土地で、自分も頂点に達するのだと夢見る。引っ越し費用をためるため車の中で暑い夏を過ごし、あらゆる意味ですべて注ぎ込んだ。ところがある朝、雪をかぶった山々を見上げ、深い愛着を感じながらも、どこか遠い気分になる。そして自分を振り返って思う。〝違う。ここじゃない〟。夢が現実にならなかったとき、その場所は一瞬にして空虚な意味のない場所に変貌する。

この昇進も〝これじゃない〟のひとつだった。たしかに、里親探しという前向きな仕事もあった。いい里親のもとに引き取られるようにしてあげたい。だがそれを差し引いても、管理する立場は本当にいやだった。山のような書類仕事、動物の引き取りを断らなくてはいけない、見つかった自分のペットを引き取りに来た飼い主から、多額の金額を徴収しなくてはいけない。真っ赤な顔に青筋を立て苦虫を噛みつぶしたような表情の人たちを、そっと会議室に通したことも数えきれないほどだ。そうしないとまわりも巻き込んで、みな一斉に怒り出しかねない。

もともと人とやりあう性格ではないし、怒っている人の相手をするのはごめんだ。だが、僕の繊細な感性が勝手に働き出し、相手の怒りやいらだちに瞬時に気づいてしまうのだ。なんとか言葉をつなげて、攻撃してくる人をなだめようと努めてはいたが、それにも限界がある。

「こんなこと、信じられるか！」

ある日、僕は怒鳴られた。保護されたコーギーを引き取るには金を払ってもらうことになっていると伝えたからだ。男は賛同者を集めようと辺りを見渡した。この日は土曜でも特に混んでいて、カウンターの前に列ができていた。これだけ人がいると、ジャズのＤＪみたいな声色でなだめることもできない。

「お気持ちも分かりますが……」

「犬を返すよりも、ガス室送りにしたいんだろ！」

徴収額は五十ドル。その男は、僕の給料二カ月分でも買えそうにないロレックスを腕にはめている。

「あのですね。こちらとしては……」

「このナチ野郎！」

そこでキレた。爆発した。ロニーになってしまった。僕はカウンターから飛び出し、男の首をつかもうとした。幸い、男がさっとあとずさりしたおかげで、僕はぶざまに空振りした。そして僕のほうが会議室に連れていかれるはめになった。

そこで腰をおろしたとき、オードリーの面接を受けたときもこの椅子だったと、ふと思い出した。あれからまだ半年も経っていない。そのわずかな間に、僕は完全に壊れていた。精神状態は危険レベルに達している。もう〝これじゃない〟と認めるべきだと思った。前に踏み出さなくてはいけない。実現可能な上の目標とは何なのか、それを見つけなくてはいけない。

僕は地域支援コーディネーターを務めるデイジーと過ごす時間を増やした。見下すような言い方をせずに人を諭す才能がある人で、あの燃え尽きた獣医とは大違いだ。「自分から外に出ていかなきゃ」と言うときの彼女はいつも笑顔で、情熱で顔から胸までぽっと赤く染まっていた。心から自分の仕事を楽しみ、動物の親善大使としての役割にやりがいを感じている人だった。

ときに過激な手段をとる「動物の倫理的扱いを求める人間の会（ＰＥＴＡ）」が、世間からテロリスト集団の一歩手前と見られていた時代、彼女は動物への思いやりを訴えるメッセージを世間に広めてくれた。去勢や避妊の必要性、残酷行為反対という考え方を学校で話して聞かせる。思いやりの気持ちをまず身近な動物に、やがてはすべての動物たちに対してもてるようにしよう、と子どもたちに教える。

ときには絵を使い、ときにはＰＥＴＡの潜入ビデオを見せた。相手は小学校六年生から中学三年生。このくらいの年に新しい視点を与えることには、大きな意味がある。デイジーと僕がよく引き合いに出したのは、動物の世話係になってほしいということだ。動物の〝持ち主〟ではない。みんな世話をする係。動物の保護者だ。

この時期、人間が世界を共有する動物たちと関わるこの仕事を理解するうえで、僕の中にしっかりと核ができたのは、誰よりもデイジーのおかげと言っていい。

デイジーはHSBVを辞めると決めた理由を説明しなかったが、噂が広まるころには、すでに彼女の辞職は決定事項になっていた。それでも辞めることを聞かされたとき、僕はすぐに彼女のあとを継ぎたいと思った。

問題はコーディネート役――地域支援コーディネーターの仕事として重要な部分――が、ちょっとばかり僕の手に負えない仕事だということだ。受付での業務がまともに務まらないことからも、それはすでに明らかになりつつあった。だが毎度のことで、無理だと思ってあきらめる僕じゃない。情熱と信念があれば、オーガナイザーとしての能力に欠けていても、それを補えると思った。

HSBVの面接のときと同じように、僕は〝ふり〟をした。地域コーディネーターという服に自分を押し込め、その服がぴったり合っているように思わせる。お仕着せに自分を合わせる能力は、僕は天才的といえるだろう。舞台は僕の我が家のようなものだ。演技が基盤になることなら、何でも自然にこなせる。つまり動物愛護や避妊・去勢について、動物を守る側としての自分たちの役目について、ＨＳＢＶの使命について、僕はいくらでもしゃべれた。

小学校の教室から会議室、その他あらゆる場所で話すことができた。ステージと観客をつなぐ能力は、会場が違っても簡単に応用がきく。子どもであれ企業のスーツ連中であれマスコミ関係者であれ、どんな人間が集まっていようと、その相手に合わせて話ができた。今日の聴衆はどこまで話を消化できるか、どこまで許容できるか、それがまるで目の前の紙に印刷されているかのように分かった。

だからその会場で演技をして、どんどん押していき、相手の理解を超える寸前で止める。みんながそれまで感じたことのないようなかたちで、メッセージは伝わっていく。

僕の頭は、きちんと整理された状態では動かない。いきなりアイデアが湧いてくる。そのひらめきをキャッチしてくれる人がいればいいのだが、たいていそうはいかない。僕だけが空まわりして、出てきたアイデアは理解されないままドブに流される結果となる。

つまり長期的な計画と集中を必要とするプロジェクトは、僕はまったく苦手だということだ。パワーポイントでの二十分のプレゼンテーションなら、きちんと頭の中に描くことができる。でも、そのプレゼンした計画を実践に移すのは僕には無理だ。

だがたとえ地域支援コーディネーターとして多少は仕事をしたとしても、僕がほっとできるのは猫を相手にしているときだった。そしてついに、一線を越えるときが訪れた。

六月のある日、午前二時頃だった。僕は締切がせまる時間にいつもいる場所、つまり施設の建物の中で、コーヒーを前に冷や汗をかいていた。この地位を失いたくないなら、気が散る原因がもっとも少ないときに仕事をするしかない。そんないつもながらの悲しい現実と、僕は向きあっていた。

コロラド州東部はこのまま干からびるのではないかと思うほどの乾燥した気候がつづいていたが、それが一転、逆の意味で困った天気になりつつあった。屋根を叩く雨音が不安をかきたてる。HSBVの施設は洪水の起きやすい平野のど真ん中に建てられていた。地面が乾ききったところへ大雨が降れば、恐ろしい事態も起こり得る。この日はプレゼンテーションのアイデアがまるっきり湧かず、僕はまさに意志の力だけでなんとかもちこたえていた。このまま時間を費やせば、また睡眠時間が減ってしまう。そうなったら、明日この場所へ来るだけのために、アッパー系ドラッグをたっぷり入れなくてはならなくなる。

そして最悪なのは音だった。その雨の反響する音といったら拷問に等しい。さらに雷が鳴りひびくこんな夜には、どこを歩いても、それぞれのエリアから必死にすがる声が聞こえてくる。トイレに行くと、保護された犬の収容エリアから声が聞こえる。コーラを買いに行こうと思えば自販機に着く途中で、里親を待つ犬たちの声がする。コピーをとりに行けば、今度は猫の面会エリアから声がする。デスクの前にいたって、遠くから彼らの声は聞こえてくるのだ。

天井の隅の雨漏りの染みが大きくなっていくのを見つめ、コーヒー（と、それ以外の覚醒効果のあるもの）の過剰摂取と寝不足で、次第に気分が悪くなってくる。そして、保護され隔離された猫たちの声がとどめを刺した。

聞こえる。みんなの泣き叫ぶ声が聞こえる。

親になったばかりの夫婦が泣き叫ぶ赤ん坊をつい揺さぶってしまいたくなる気持ちが、そのときの僕には痛いほど分かった。子どもを産んだばかりの猫が何匹かいたはずだ。出産シーズンで子猫が増えすぎ、手に負えなくなった施設から何匹か引き受けたうえ、いつもどおり迷子の猫や〝飼い主放棄〟の猫もいる。

全員が金切り声をあげていた。雨音と気圧変化のせいでますます気が高ぶっているから、天気が悪くなればなるほど鳴き声もひどくなる。猫にすれば、なんらかの形で不安を示さずにはいられないのだ。血圧が上がり、いつにもまして耳鳴りがひどくなってきた（ライブで耳栓も意味がないくらいのパフォーマンスをつづけていたため、耳鳴りは相当悪化していた）。

イライラがつのり、僕はデスクに頭を叩きつけた。だが頭を上げたとき、ふとある計画が浮かんでいた。

僕の生まれ故郷のニューヨークに住むアニトラ・フレイジアは、僕にとって最初の〝遠くの師〟となったひとりだ。僕はまだ猫相手の仕事をはじめたばかりで、その分野ですでに名を成している人たちに電話をかける勇気も自信もなかった。その代わり、むさぼるように本を読んで、同じ考えをもつ人たちと話し合っている自分を思い描いた。

アニトラは、手法に洋の東西を問わず、肉体や精神、霊性などを含めた総合的な方法で猫に対応する。彼女はまるで猫を操る魔法使いのように思えた。僕が子どものころによく遊んだ街を自転車で走りまわり、あちこちで相談に乗って、いくつもの方法を組みあわせて使っていた。彼女は自分の直感で猫の気持ちを正しく見抜けるという、揺るぎない自信をもっていた。その自信が猫の行動に関する知識としっかり結びついていた。

「アイ・ラブ・ユー、猫ちゃん」も、アニトラが光を当てた考えのひとつだ。彼女の著書『ザ・ナチュラル・キャット』に、アニトラがマンハッタンの街を歩く様子が描かれている。褐色砂岩の外壁に囲まれたテラスハウスの一軒一軒で彼女は立ちどまり、大きな窓の向こうで日向ぼっこしている猫たちをそっとのぞき込む。そして〝アイ・ラブ・ユー〟と頭の中で唱えながら、ゆっくり一度まばたきをしてみせる。これが猫をおびえさせずに挨拶する方法だ。

初めてこれを読んだとき、僕はすぐさま当時飼っていた五匹の猫のうちの一匹、ヴェローリアで試してみた。すると本当にアニトラが言ったとおりになったのだ。彼女の予言どおり、ヴェローリアもまばたきを返してきた。しかも彼女は明らかにリラックスしたのである。

この「アイ・ラブ・ユー」の重要性、そして僕があれこれ試していたさまざまなパターンの重要性は、どれほど言っても言い足りない。これは人間と猫のコミュニケーションに大きな役割を果たす。

猫はさまざまな声色を使って訴えるが、その声音が人間向けであることは明らかだ。猫同士で

「ミャ〜オ」と呼び合うことはまずない。猫はその声色を人間に向かって使っているのだ。人間から何かを得るために使う。それならその声に応えて、人間からコミュニケーションの壁を飛び越え、彼らの側に行けばいいのだ。

猫の専門家として新参者だった僕は、この〝アイ・ラブ・ユー、猫ちゃん〟をロゼッタストーンに匹敵する大発見だと思っていた。

そしてこの嵐の夜、とても疲れていたうえに片付けなければならないプレゼンの仕事があったが、この際全部あと回しにしようと思った。このままではどうせデスクに突っ伏して眠ってしまいそうだったし、あの猫たちの声を止めないかぎり、どのみち救われない。それならちょっと試してみる価値はある。ひょっとしたら、効果があるかもしれない。

猫たちが収容されているエリアに一歩近づいた。次の瞬間ものすごい音で雷が鳴り、僕はびっくりして中に飛び込んだ。そこにいる猫たちにとっては、雷と人間のワン・ツー・パンチを食らったことになる。猫たちの声はさらにすさまじくなり、思わず僕は明かりをつけた。しかしそれが大失敗だった。窓がないので猫たちは朝が来たと思い込んだ。ごはんの時間だ。そこでまたさらに声のボリュームが上がった。

数えてみると四十五匹いた。三メートル四方より少し広い程度の場所で、その四方にステンレスケージが並んでいるから、ますます狭く感じられた。もし一匹の猫を落ち着かせることができ

「猫ちゃん、愛しているよ」を伝える方法

アニトラの〝アイ・ラブ・ユー、猫ちゃん〟の技は、猫の専門家でなくてもできる。ぜひ試してみてほしい。まず自分の猫に目線を合わせる。柔らかで、不安を感じさせないような目線を。ここが重要だ。にらみつけるのではなく、優しくまどろむように見ること。それから〝アイ・ラブ・ユー〟を心の中で唱えながらまばたきをする。こんな具合だ。

①目を開けて――〝ア～イ〟
②目をゆっくり閉じて――〝ラ～ブ〟
③もう一度、ゆっくり目を開けて――〝ユー〟

こちらが本当にリラックスして相手だけを見つめ、純粋な気持ちで向かえば、猫は必ず反応を返してくる。猫はまず、まばたきを返してくる――それからリラックスする。ほんのわずかかもしれないけれど、ガードをおろしてくれるはずだ。

たとしても、その猫のケージの前をまた通ったら、一からやり直しだ。また猫を興奮させてしまう。そんな危険は冒したくなかった。

そこで犬エリアにいちばん近いケージからはじめることにしたが、この判断が大間違いだった。犬たちはボロボロのスウィングドア越しに僕の匂いを嗅ぎつけ、狂ったように吠えはじめたのである。これは危険なネズミ取りがくまなく仕掛けられている部屋を抜けていくようなものだ。右から左へ行って、それからまた右に移ろう。

僕の哀れな集中力がこれほど大きな試練にさらされたのは初めてだった。森全体が叫んでいるというのに、どうして一本の木だけに視線を注いでいられるだろうか?

とにかく深く息を吸い込んで、一歩前に踏み出した。タキシードを着たような白と黒の短毛種が目の前にいる。最初は目を開けておく。ただし視線は柔らかく。

〝アイ〟――ゆっくり閉じる。

〝ラブ〟――再び目を開く。

〝ユー〟――なんの反応もない。

〝ア〜イ〟〝ラ〜ブ〟〝ユー〟。甲高い鳴き声しか返ってこない。

深く清めるように息を吸い込む。いらだちを吐き出す。癒したいという気持ちで心を満たす。

〝ア〜イ〟〝ラ〜ブ〟〝ユー〟

おまえを楽にしてやりたいのに、分からないのか?　いや待て待て、そうじゃない、それではだめだ。〝ア〜イ〟〝ラ〜ブ〟〝ユー〟。

少し間を置く。もう一度だ、ジャクソン。自分の言葉を信じるんだ。そのときハッと気がついた。この猫だって観客じゃないか。僕の観客なんだ。そう思った途端、猫の目から恐怖の色が消えた。さっきほど瞳孔が開いていない……。

〝ア〜イ〟〝ラ〜ブ〟〝ユー〟

そしてついに、彼はまばたきを返してきた。まだ友達じゃないけど敵ではない、というように。もう彼は逃げ道を探していない。僕の目から安心を受け取ったことで、彼の警報装置が解除されたのだ。

〝ア〜イ〟〝ラ〜ブ〟〝ユー〟

今度はずっと簡単になった。僕も猫も完全に落ち着いた。手を伸ばして猫に触れ、この新たな信頼関係を確かめ合いたい。しかしその余韻に浸ることなく、我にかえる。あと四十四匹残っている。

気合いが入った。その気分は、遠い昔に思えるあの朝を思い出させた。真冬のコロラドで、おんぼろバンにフランスパンを積んで配達していたころ。僕は自分の源泉へと深く手を伸ばし、先人たちに誇りに思ってもらえる曲を書こうとしていた。ゆったり流れる時間のなかで、正しいものを選んでいく。間違ったものを選べば、誰にも愛してもらえず捨てられてしまう。

あのときも今も、常にたわわに実った木——僕のあふれる能力——から果実を取ろうとしていはやみそうにない。

る。ただ違うのは、今相手にしているのがメロディやテンポ、ストーリーではなく、初めて感じるコミュニケーション言語だということだ。いくつかの貴重な共通言語を見つけ出した。まだ雨はやみそうにない。

僕はみんなを見捨てない、何も心配はいらないのだと、伝えたい。僕を信頼してくれ。まるでＬＳＤでトリップしているような夜だった。ときに穏やかで、ときに荒れ狂う。だがそれもみな、ひとつの同じ思いから生まれるものだ。僕の仕事はここにいるみんなを落ち着かせ、〝アイ・ラブ・ユー〟の思いを通して平穏な状態を実現すること。途中で下着一枚になった。翌日もこの服で仕事をしなくてはいけないから、汗まみれにしたくなかったのだ。

こうして僕と猫だけでいられる自由な気分がうれしかった。ようやく完全に自分を忘れて没頭できた。それぞれの猫によって、心の中で唱える調子を変えた。子猫や年寄り猫、母猫など、それぞれに向きあった。方法が身についてきたと思った途端、次の猫で〝そううまくはいかない〟とばかりに鼻を折られる。再び謙虚になって、次の猫に移る。

いったいどのくらい時間がたったのだろう。覚えているのは、本当にいきなり静かになり、自分が精根尽き果てて、ずるずると壁に背中を滑らせ座り込んだことだけだ。

気がつくと窓の外に太陽がのぼってきた。何時間もたっていたに違いない。麗しい静寂を保っている四十五匹のなかにも、僕と同じように、猫と人間が支え合えるコミュニケーション方法があることを知って、戸惑っている猫がいることが分かった。

数時間後にはスタッフがどやどや入ってきて、いつもの日課がはじまった。僕は気力と集中力を振りしぼって、なんとかプレゼンテーションの準備を終えることができた。周囲はざわざわしていたが、なぜか瞑想に通じるようなゆったりした気分でいられた。

猫全体を、あるいは一匹一匹を相手にするときも、このゆったりした気持ちがものすごく重要になる。鳥を見つめているときの猫は、〝ゾーン〟に入り込む——鳥の〝動き〟に完全に集中しながら力を保ち、完全に静止しているとしか思えないほどになる。

あの晩、僕は半狂乱になっていた猫たちを、この猫と同じ集中力で本来の状態に戻してやることができたのだ。不思議なことに、自信に満ちた猫とはどんな感じか、僕は本能的に分かる。縄張りのかけらもてず、六十センチ四方のケージの中しか歩く場所がなくても、家族がいなくても、猫は自信を示すことができるのだ。

猫たちをその状態にすることができたのは、僕自身だけでなく猫たちにも重要な意味があったと信じている。保護施設で生き抜くためには、その自信とそこから生まれる彼らの魅力を維持することが必要なのである。そうれすれば、新しい家だって早く見つかるに違いない。

決定的瞬間に出会えた人は幸せだが、その場でそれと気づけたなら、幸せは倍になるだろう。しかし僕の場合、決定的瞬間は必ず不安と疑問を伴って訪れる。〝こうなるはずじゃなかった〟と僕は思った。

でも自分はやるべきことはやる人間だ。やるしかないと分かっていたがジレンマに陥る。つかの間の遊びのつもりが、一度のキスで突然方向が変わったようなものだ。〝だめだ、そっちに行っちゃいけない……〟と抵抗しながら、逃れられなくなる。恋に落ちたのだ。

そんな決定的瞬間はもちろん最高に幸せに違いないが、僕みたいな頑固な人間は、それでもまだ抵抗する。人生は自分の計画どおりに進ませるべきだと信じる人間にとっては、そんな幸せな瞬間も恐怖になる。

そんな僕に天は優しかった。〝至福も、陥れられた気分も、どちらも受けとめなさい〟と促してくれたのだ。そして僕はその内なる声に従った。こうして四十五匹の猫の奇跡の話をするたび、またこうして午前三時にこの文章を書いているときも、その幸せを改めて噛みしめる。

あれから十五年、ひどいでこぼこ道を歩いてきて、今僕はあのときとはまるで違う心持ちになっている。あの猫たちがあれからどんな道をたどったにせよ（あのときの子猫は、今ではもういい年だ！）、彼らは僕にすばらしいプレゼントをくれた。

神に感謝だ。その後どんなことが起こるにせよ、それは僕に必要なことだったのだから。

ベニーとの出会い

「動物の里親になることほど報われる経験は、望んでもなかなかできるものではありません」
「動物の里親になることは、想像もできないほどの感動を得られることです」

ステファニーは百人くらいを前に話していた。毎月、新人ボランティア向けにオリエンテーションが開かれ、さらに関心をもってもらおうと施設の仕事や動物の世話について説明する。ステファニーは里親コーディネーターで、僕はHSBVで働きはじめて三年の間に彼女のことが大好きになっていた。

彼女はケアというもの、そして里親を増やすということが、僕たちの真の目標を達成するために欠かせないことだと考えていた。真の目標とは、動物を安楽死せざるを得ない現状を変えることだ。彼女はそれだけを考えていた。駆け引きとか地位とかに対しては、まったく関心を示さなかった。

話し手を交替しながら、もう一時間以上が過ぎていた。僕も地域支援について話すことになっていたが、順番を待っているうちに、どんよりした目でにやにや笑いを浮かべる段階まできてしまった。ぼうっとした目で、まぶしいほどに白い壁を見つめる。起きていられるのは、ひたすらそのおかげだった。画一的な施設にも、いいところはあるものである。

「自分でやっていないことを勧めたりはしません。うちのスタッフは全員、里親になっています」

僕は天井の数箇所に鉛筆が刺さっているのに気づいた。

「HSBVのマネージャーのブリジットも里親になっています。ボランティアコーディネーターのサラには、みなさんすでに会って話をしていると思いますが、彼女も里親です。地域支援コーディネーターのジャクソンは……」

〝やめろ、やめろ、やめてくれ！〟と心の中で叫んだ。目をむいて、〝だめだ〟という視線を送った。

「えっと、ジャクソン、あなたも里親になっていたわよね？」

僕は口の中でもごもごつぶやき、ステファニーが都合よく解釈してくれることを祈った。

「ジャクソン、まじめな話、あなたは里親になっていたかしら？」

僕のスキンヘッドが赤紫に輝きはじめる。

「その……考えてみたら、そういえば、まだだったかな」

「そうだったかしら。これからね、ジャクソン？」とステファニーは明るく言った。

「それは……まあ、そうですね」

僕は歯を食いしばるようにして笑った。目に汗が入るのを感じた。

実際のところ僕は里親になりたくなかった。時間がない。この人生に新たな動物を加える余裕などない。僕は自らのバンドと音楽に、自身で闘って勝ち取らねばならない運命に自分をかけている。それ以外のことに目を向けたら、僕のオーラが消えてしまう。

僕の中にいるもうひとりの僕が、足をバタバタさせながら「いやだ」とわめいていた。自分がいかに自己中心的であるかを思い知らされた。

動物を引き取れば、気楽な自分の世界が壊されてしまう。その本音は事実だった。保護施設の仕事に本気で打ち込んでいたのは嘘ではない。しかし施設から一歩出れば、まるで違うことで予定が埋まっていた。ドラッグをやり、バンドのリハーサルに行き、寝酒をたっぷりやって、それから眠りにつく。自分の面倒さえ見ていれば、何に対しても責任を負わずにすんだ。

たしかに猫は飼っていたものの、すでに生活の一部になっていた――つまり楽だった。だが里親として動物を引き取れば、本当の意味で生き物にエネルギーを使うことになる。習慣になったエネルギーの使い方ではなく、集中を必要とするエネルギーだ。

そんなのはごめんだった。九時から五時までの時間内で、もう充分に務めは果たしているつもりだ。それなのにここで、僕はナルシストの嘘つきだとバレてしまったのだ。

ナルシストの嘘つきの困ったところは、観衆の目の前で気づかされたとき逃げ場がないことだ。ただ別の見方をすれば、変わるチャンスを与えられたともいえる。そのときステファニーによって暴かれた自己中の僕は、またしても恐怖と疑問に震えながらも決心した。〝挑戦すると宣言してしまえ、ちょうどいい機会じゃないか〟と腹をくくったのだ。

その挑戦のときは、思ったよりも早く訪れた。翌日のスタッフミーティング中、チークスは太めの体をブラインドの間にもぐり込ませ、鳥や子どもを眺めていた。その隙間から、車から飛びおりる女性の姿が見えた。

HSBVで使っている段ボール製のキャリーバッグをさげ、足早に正面玄関へ近づいてくる。そこでキャリーバッグをおろすと、不安げに後ろを振り返りながら、また急いで車に戻っていった。火をつけた鞄を人の家の玄関先に置き、ベルを鳴らして逃げるみたいに。

僕はすぐ玄関へ走っていって、彼女が車に乗り込む前につかまえた。

「もう飼えません」

そう彼女は言った。僕は猫についての情報を何でもいいからほしかった。だが彼女は、責められる（僕にそんなつもりはなかった）、金を要求される（そのつもりだった）とおびえきっていて、早口でまくしたて、こちらに口を挟む隙を与えない。

「一年前、まだ子猫のころにもらったんです。オムニといいます。昨日車にはねられて、お医者さんに連れていったら、腰の骨がひどく折れているって言われて。治療費が高すぎて、私にはムリなんです。私、まだ学生で……それにこの子、外猫にしたかったのに外に出ないの」

「でも、きみは……」

「猫って、外を歩きまわるはずですよね。そりゃ大自然の中とは言わないけど、そもそも動物は家の中で暮らすもんじゃないと思うわ。それにもう一年もたつのに、あんまり私になつかないし、そばに寄ってもこない。私のことが好きじゃないのよ。向こうが好きになってくれないなら、こっちだって好きになれないでしょ。だから、そう、そういうことよ」

一気にまくしたて、彼女はこう言った。

「私、この子が嫌い」

オーケー、スリーストライク！　アウト！　試合終了だ。さっさと帰ってくれ。


そういうわけでその一時間後、女性の記憶を彼方に追いやり、僕はその猫を連れて施設の指定獣医のところに向かっていた。信号で車を止めたとき、まだ猫の姿も見ていなかったことに気がついた。

キャリーバッグを開けてみる。猫はわずかに顔をあげた。逃げる心配をする必要もなかった。猫は本来我慢強い生き物だが、つらそうなのがはっきり分かる。鼻の上にちょっとだけ灰色の部分があって、それがあまりにかわいいので、つい笑ってしまったが、オムニは疑わしそうな目で僕を見ている。弱者として生き延びてきた種である猫は、〝信頼できる証拠〟を見つけるまでは絶対に緊張を解かない。

以前、共産体制崩壊後のアルバニアとの交渉に当たった元アメリカ大使のインタビューを聞いたことがある。

あまりにも長い間孤立し、西洋諸国と関係をもたなかったこの国は、自由な世界に入れてほしいと頼む必要もなかった。傲慢で、気難しく、疑ぐり深かった。この国が人間の権利をどれほど蹂躙してきたか、そのおぞましい記録がどうしても大使の頭に浮かんでくる。だが外交官としての自分の使命は、思いやりを第一にして、完全に閉ざされてきた文化に切り込むことだと、そう大使は言っていた。

見下すことなく、今置かれた立場で、相手の文化を感じとる。テーブルの向こうに座っている人間が、今どういう人生を送っているのかを探る。そこから、言語も文化も共有しない相手とのコミュニケーションが可能になる。テーブルを挟んで向かいあっている相手が自分だと想像してみることだ。その考え方に僕は深く共感し、自分の人格形成にも役立ててきた。

施設に来たばかりで戸惑い、混乱している動物に対しても、まず何より、大使として接しなくてはいけない。友達になるのはその先のこと。先方にすれば、今の僕は知らない世界、信用できない世界から来た人間だ。でも、僕は親善のメッセージを携えている。

まずは〝アイ・ラブ・ユー、猫ちゃん〟とまばたいて彼の警戒心を解くところから入る。アルバニア大使は、「Tungjatjeta（こんにちは）」と完璧なアルバニア語のゲグ方言で相手を迎えたという。僕も大使のつもりになろう。あるいは映画『未知との遭遇』のあのシーン。今ではすっかりおなじみの、あの五音からなる調べで迎えられるエイリアン。信じないかもしれないが、聞いてくれるはずだ。

後ろの車にクラクションを鳴らされて、信号が青に変わっていたことに気づいた。車をスタートさせてからも、この猫のことばかり考えていた。今まで人を信頼できないまま生きてきたのだろう。誰も守ってくれなかったのだ。この子の保護者になってやりたい。

このころは、僕は猫をおびえさせないための技をいくつか使えるようになっていた。この猫にもそれを試してみよう。眼鏡を外し、そのつるを彼の前に下げる。これが〝アイ・ラブ・ユー〟に続く二番目の技だ。まだ肌を押しつけるほど慣れていないので、僕の匂いがついたものを触らせる。いい反応が返ってきた。眼鏡に顔を寄せ、僕の匂いに頬ずりしてきたのだ。

彼が僕の友好のしるしを受け入れてくれたので、最終ステップに進む。実際に握手を交わす段階だ。猫の第三の目といわれる場所（目と目の間の三センチか五センチくらい上）に指で触れる。触れたまま、彼が自分でその指を耳のほうへずっと押していくのを待つ。ただの触れあいから、もっと深いつながりへと変わっていく瞬間だ。

そのとき初めて、僕は猫がため息をつくのを感じた。単に体を使って息をついたのとは違う。口と肺からではなく存在すべてから出た安堵のため息だ。たしかにそれを感じた。

以前にも〝アイ・ラブ・ユー〟〝眼鏡や第三の目〟それぞれを個別に試したことはあったが、全部を組み合わせたのはこのときが初めてだった。どうすれば相手を怖がらせず、大使として受け入れてもらえるかと悩んでいるうちに思いついた、いわば猫外交のスリーステップだ。
そして最後の握手まで到達したとき、大きな手応えを感じた。友好関係が成立したのだ。

今日は里親になる前の準備試験に合格した。そしてこの猫のおかげで、握手までのスリーステップという新しい方法も完成した。一日で二つもの大きなことを成し遂げたのだ。

それにしても、この変な名前はやめにしよう。僕は彼を見ながら思った。万物（オムニ）？　そんな名前、誰につけられたんだよ？　そう語りかけると、彼は落ち着いた視線で見返してきた。

その瞬間、こいつは昔の友人に似ていると思った。優れた作曲家だったが、困惑と嫌悪の混じったような目で世の中を眺めているようなところがあった。彼がうちのテーブルで、ローリングストーンズを聞きながら交響曲を書いている姿を思い出した。その友人ベン・ワイザーにちなんで、ベニーという名に変えよう。

ベニーとの毎日を夢のように思い描く。このすてきな猫に、ストーンズの「メインストリートのならず者」を聞かせてやろう。次に彼を引き取ってくれる人にも、その曲をダビングしてプレゼントしよう。変な奴だと思われるだろうが、そんなことはどうでもいい。しかし里親という希望へとつづく夢は、三十分で消えていった。

「骨盤のダメージがひどい」と、獣医はベニーのX線写真を見ながら言った。

「おそらく神経もやられているでしょう。左の後ろ足はまったく反応しない。切断するしかない

猫との「初めまして」——握手までのスリーステップ

①まず前の章で説明した「アイ・ラブ・ユー、猫ちゃん」テクニックで、ゆっくりまばたき、言葉の壁を越えよう。

②眼鏡をかけている人はそれを外して、つるの先を猫の前に出してみる。人間の手より警戒心を招かないし、耳の後ろ側はとくに匂いが強い部分なので、あなたの匂いがしっかりついている。その匂いを嗅いでもらう。つるに頬ずりしてくれれば、さらによい。眼鏡をかけていない人は、ペンか鉛筆をちょっと耳の後ろに挟んでから、それを差し出す。

③指を１本伸ばし、眼鏡やペンでやったように匂いを嗅がせる。次にその指を、猫の目と目の間の少し上のほうに当てる。猫が額で押し返してきたら、指を猫の鼻筋から耳のほうへ、すっと流れるようにずらしていく。これは握手やハグと同じように２人でやることだ。これでもう、猫とは知らない同士ではなくなる。

でしょうね」

「はあ……分かりました」

僕は不自然なくらい事務的な口調で答えた。彼の苦痛や費用がかかるのを避けるため、安楽死の話をされたくなかった。そっとベニーに触れる。病院スタッフの冷たい手から解放してやりたかった。

「当面は家で大きなキャリーバッグに入れて、腰の骨が治るのを待ちましょう。ひと月半したら、また連れてきてください。その時点で神が奇跡を起こしてくれていなければ、切断に踏み切りましょう」

「リハビリは？　リハビリは何もしないんですか？」

「今は動かさないことが大事なの。それがリハビリです。骨折を治すには時間が必要なのよ」

ドクター・レイチェルは有無を言わせず静かに微笑んだ。彼女は早くから動物愛護活動を熱心に行っていた人で、僕にも猫のことをいろいろ教えてくれた。僕が突飛なことを言い出すのにも慣れていた。

猫の擁護者とか言いながら、結局、僕もこの程度の奴か。猫を信用させて、ひと月半も箱に閉じ込め、それから足を切断するとは……。

ただ白状すれば、初めての里親経験は楽になりそうだった。ベニーがずっとキャリーバッグ住まいなら、ほかの猫とかかわることもなく面倒な猫同士の紹介をしなくてすむ。それに僕とも距離ができるから、最終的な里親へ引き渡す前に、完全に情が移らずにすむだろう。

　当時のルームメイトのケイトは僕のバンドのドラマーで、親しい友人でもあった。僕が猫にはまりつつあると感じとっていた彼女は、新しい仲間を警戒していた。そもそも、すでにうちには問題があったのだから。

　元凶は、八キロ近い体重でまわりを威嚇する僕の猫ラビだった。こいつが昼夜問わず、ケイトの猫サマンサとマギーを追いかけまわす。ラビは僕のもう一匹の猫ヴェローリアも攻撃する。ヴェローリアは三キロに満たない小さな猫だ。

　この二匹はあらゆる面で陰と陽、そして完全に捕食者と餌食の関係だった。ラビは、体は大きいが敏捷で、まるでサイのようだ。ヴェローリアは最初から餌食になるべく小さな体で飛び上がり逃げる。ヴェローリアはラビのお気に入りのおもちゃだった。彼女がうちに来たとき、僕はてっきり生後数カ月のメインクーン種だと思い込んでいた。メインクーンだから、どんどん大きくなるはずだと。ところが実はこの時点ですでに三歳だったのだ。

　だからケイトが心配するのも分かる。ラビ、サマンサ、マギー、ヴェローリア、その四匹だけでも充分な火種だというのに、さらにそこへまったく未知の要素を加えるというのだから。

　最初のひと月は意外に平穏だった。ベニーは誰に対しても何に対しても興味も示さなかった。今思えば、自分が押し込められた狭い空間に必死に適応しようと、外のことなどかまっていられなかったのだろう。そのうえ最初の数週間、さまざまな薬を飲まされ、立つのも歩くのもトイレを使うのもつらそうだった。

ほかの猫たちは彼のキャリーバッグを定期点検のように見回りに来る。そしてベニーに言う。

「おい！　出てこいよ！」


ベニーがやっと外へ出られるようになったのは、ひと月ほどたってからだった。まだ思うように体が動かないので、初めての探検もおそるおそるだ。だがそれを抜きにしても、彼にはつい笑ってしまうような妙なところがあった。

たとえばベニーはリビングルームに入っていき、周囲を見渡し、それから困惑したように自分自身を見る――文字どおり自分の足も尻尾も、吟味するように眺めるのだ。その彼の困惑ぶりときたら、〝俺は人間のはずだったのに、突然猫に変身している〟と気づき、戸惑っているかのようだった。

ベニーにすれば、自分は独身貴族のバス運転手で、昨日も勤務をこなし帰宅した。くたびれたリクライニングチェアに倒れ込んで、レンジでチンした冷凍ディナーを平らげた。いつの間にかフォークを持ったまま眠ってしまい、再び目を覚ますと……ドーナツ形クッションの上で鼻先を自分の尻に突っ込んで丸くなっていた。悪い夢を振り払おうとリビングルームにくると、はっと気づいて凍りつく。

「……猫？　俺が、猫だって？」

勝手に尻尾が動き、彼はぴょんと跳びあがる。四本足で世界を進んでいこうとするが、うまくいかない。一歩踏み出しては、自分の新しい体をしげしげと眺める。初めて経験する見晴らしのいい高みから、部屋を見回す。今すぐ鏡の前に立って、自分に何が起きているのか確かめたいが、バスルームの洗面台の上にしか鏡はない。左足がまだ動かないから洗面台に飛び乗るのは無理だ。仕方なく足を引きずって歩き出す。

ときおり〝この足が邪魔だ〟とばかりに噛んでみたり、毛づくろいをすれば事態は落ち着くかもとばかりにしつこく毛づくろいしたりする。ちょっと油断すると、籐椅子の編み込みの隙間に足を突っ込んで、身動きできなくなっている。いったいなぜこんなことに……。声をあげるベニーを引っぱり出しながら、こちらは仰天したものだ。「うわっ、足がとんでもない方向にねじれてる……」

この足はあきらめるしかないだろう。切断は別に珍しいことではない。三本足でも元気に生きている猫はたくさんいる。だがケイトの意見は違った。彼女はまるで自分の足のことのように、強硬に反対した。そこで僕は提案した。

「手術日を決めてしまおう。それまでにリハビリの効果が出て、椅子の隙間やカーペットの毛足に足をとられず歩けるようになったら、そのときは手術をキャンセルする」

この約束は、一応言ってみただけだ。ケイトだって猫の足のリハビリが難しいことは知っている。そのうえ神経をやられているかもしれない。僕は手術予定日をひと月後に決めた。それでもケイトは頑固にリハビリをつづけていた。ベニーを横向きに寝かせ、足を静かに持ち上げて骨盤に向かって押し、一度力を抜き、また押して力を抜く。これを繰り返す。それを数週間つづけても、ベニーに変化はなかった。あえて言えば、彼が苛立って噛みついてきたくらいだ。

そのあともケイトが言い張るので手術日を延期した。ときどき彼女はそんなふうにものすごく頑固になる。しかし一カ月半後、ついに施設から知らせが来た。足を切断するか、施設に戻して引き取り手を探すか、どちらかに決めろと。

切断に踏み切った場合には、里親としては次の段階に移る。つまりほかの猫とのつきあいを学ばせ、体に障害を負った状態で縄張りに改めて適応させるのだ（三本足はトイレの習慣にどう影響するか？　リノリウムの床をうまく歩けるだろうか？）。

それでもケイトは足の曲げ伸ばしをやめなかった。プッシュ、リラックス。プッシュ、リラックス。朝食の間も、リハーサル前も、ずっとつづけた。それでも何の変化もない。だんだんケイトが気の毒になってきた。ところがある晩、二人でテレビを見ていたときに変化が起きた。

「ちょっと、ジャクソン！　ジャクソン！　これ見て！」

僕は「ああ」と言ったが見向きもしなかった。彼女の新しいヘアスタイルが邪魔してテレビがよく見えず、そのほうが気になってイライラしていたのだ。

「ねえ、こっちに来て見て！」

ケイトの目が細くなり、その威力に負けた僕はソファから腰を上げた。彼女は僕が座り直すのを待ち、それからベニーの足を骨盤に向かって押した――すると彼が押し返してきたのだ。びっくりした。

「わお！　もう一度やってみて」

抵抗する力がさらに強くなった。

ドクター・レイチェルが「反射反応がない」「神経をやられている」と言っていたのを思い出した。

「ベニー、おまえの足は治るかもしれないぞ」

自分でも驚いたが、足を残してやりたくなった。医者に見せてやろう！

それからの数日で、ベニーはますます強く反応するようになった。足を切断しないですむかもしれないと分かると、僕も熱心にリハビリに参加するようになった。自分が間違っていると認めたことになるが、そんなことはどうでもよかった。とはいえ手を押し返すことと、実際に足を動かすことは違う。時計の針は容赦なく進んでいった。

ベニーの手術は水曜朝の予定だった。まさに期限ぎりぎりの火曜の夜、ベニーは自分の足が切断されることを初めて意識したかのようだった。

「何だって？　本気でそんなことするつもりなのか？」

彼はふいに飛び上がり家じゅうを駆け回りはじめた。本棚にのり、テーブルからテーブルに飛び移り、ベッドの下にもぐり込む。

「ほら、見て見て！　ばかなこと考えるなよ！　動かせるんだよ！　虫を追いかけることもできるし、きみに飛びつくことだってできる。それなのに足を切断するって？　そんなはずないよな？」と言わんばかりに、その動きは恐ろしく速かった。

もう真夜中だ。朝いちばんにドクター・レイチェルに電話をして、また手術のキャンセルを頼まなければならない。延期ではなく、二カ月前にドクターが冗談半分に言っていた神の奇跡が現実になったことを説明するのだ。

ベニーが運命を乗り越えるのを見た瞬間、僕の中で何かが変わった。彼が三本足になろうとなるまいと、僕の心はこの瞬間に決まったのだ。


ベニーはもはや里親として引き取った猫じゃない。家族だ。ところがケイトは強く反発した。正直なところ、それはひどいショックだった。彼女は言った。

「リハビリがすんだのだから施設に戻し、ふさわしい家族に引き取ってもらいましょう」

これで僕は同時に二人を説得しなくてはならなくなった。ドクター・レイチェルにはベニーの足を残してくれるように、ケイトにはベニー本人を残してくれるように……。僕こそがベニーの〝ふさわしい家族〟だということを、ケイトは意識的に無視しようとしていた。

施設に来た人たちに、僕たちはいつも言う。〝ペットを引き取るつもりで来てみたら、あまりの数を目にして圧倒されそうになるでしょうが、ひるまないでほしい。ここにいる全員を連れて帰りたいという思いに押しつぶされないでほしい。人間が選ぶのではなく動物が人間を選ぶのだ〟と。だからベニーが部屋を走り回り、足を切断しないで！　と訴えたのを見たとき、僕はベニーに選ばれたと悟ったのだ。

「生徒の側に学ぶ準備ができたときに師は現れる」というが、まさにそれだった。僕は、懇願、交渉、すがる言葉、ずるい嘘、あらゆる手段をつかってケイトの説得に成功し、ベニーはこのまま置いてもらえることになった。

そうしてベニーは少しずつ新しい家に慣れてきた。少しは彼のための環境が整ってきたように思える。これまでの短い間に、ベニーはあまりにも多くの混乱を経験していた。もう迷う必要はない。ここにいればいいのだ。すべてが変わらない場所は、彼にとってきっと天国に違いない。

しかし、それも長続きしなかった。僕の人生において〝変わらない〟という概念は、ほとんど仲間内のジョークになっていた。

このころちょうど賃貸契約が切れる時期で、値上げされる家賃を払うより、アルバムレコーディングに金を使おうということになった。バンドのメンバー全員が住めて、リハーサルができて、警察に毎晩踏み込まれることがないような、そんな場所を奇跡的に見つけることができれば、その分金が浮く。

だがそういう物件が見つかるまでは、とりあえず居場所を探さないといけない。結局ケイトのボーイフレンドのジェレミーの家に住まわせてもらうことになった。ビクトリア様式の家で、この種の建物の例にもれず広いが息苦しい。ビクトリア時代の人間は、まともに動けるスペースがないところに住むのが好きだったんだろう。

ジェレミーとケイトがメインの寝室を使った。ほかにもひとりジェレミーの友人が寝泊まりしていて、彼が別の部屋を使う。バンドのキーボード担当ベスがひと部屋。僕の部屋はビクトリア時代のクロゼットみたいなところだった。

僕たちが連れ込んだ猫五匹（ラビ、ベニー、ヴェローリア、サマンサ、マギー）のほかに、ジェレミーはトラッパーという猫を飼っていた。彼の友人は犬を飼っていて、それに加えて恐ろしくうるさい鳥が一羽いた。この鳥については、誰も自分が飼い主とは認めなかった。

当初、動物たちは何の不都合もないかのように、それぞれマイペースで生活していた。ラビは刑務所の優しい看守のように囚人同士の揉め事がないか見回っていた。ベニーも含め、全員がラビのルールを尊重した。というよりヴェローリア、サマンサ、マギーは、獣の王者のごときラビのふるまいに恐れをなして、なんでも彼に従った。ベニーは距離を置いて観察している感じだった。だが、やがて状況が変わった。

ある晩、人間五人はソファに座ってテレビを見ていた。ベニーはテレビの下に陣取り、僕たちを眺めていた。そこにラビが入ってきてベニーの前を横切った。こんなとき、必ずにらみ合いが

多頭飼いのヒント
——猫爆弾が破裂する前に！

人間と暮らすうちに、猫をはじめ他の動物も、まわりにいる人間を映し出すような行動をとるようになる。攻撃的になるのは往々にして、飼い主の行動の転換点に多い。〝起きて、仕事や学校に行く〟〝帰ってきて夕食の支度をする〟〝1日を終えてベッドに入る〟などがそれに相当する。

それを意識すれば、猫を必要以上に刺激せずにすむ。なんらかの行動に移る前に10分間でも遊んであげれば、猫のエネルギーはおかしな方向に流れず、猫爆弾の暴発を防げるのだ。

起きる。双方とも譲らず、どちらかの一瞬の動きを合図として戦闘ははじまる。そしてどちらかが敗者になるまで終わらない。

凍りついたように動かなかった二匹は、一個の毛むくじゃらのボールになって引っかき合い金切り声をあげながら、部屋じゅうを転がり出した。途中何度も静止状態があるが、すぐにまた取っ組み合いになる。まるでピンボールマシンのレバーが引かれたかのようだ。

その光景は笑えたが、同時に恐ろしい気もした。これだけ長時間の猫のけんかを見たのは初めてだった。すると最後に静かなにらみ合いが訪れたまさにその瞬間、ラビはこれまで見せたことのない行動に出た。尻尾を丸めて逃げたのだ！　王者のようにふるまっていたあのラビが、である。

その瞬間、僕は過保護な母親モードになった。

「ベニー、なんて悪い子なんだ。ラビ、どこに行ったんだ？　テーブルの下？　それは血？　なんてことを」

「ケイト、ソファの後ろにまわってくれ。ジェレミー、こっちに来て手伝ってくれ！」

「よしよしラビ、僕がいるから。ジェレミー、ベニーを捕まえてくれるか？　そうっとだよ」

「ああ、ラビ、許してくれ、けがをしているんだね。ベニーはまったく……」

ラビが初めて家の前に現れたとき（ドアを開けたら生後四週間の子猫がちょこんと座っていたのだ）、まぬけな僕は四匹の猫がいるリビングルームに彼を連れ込んでしまった。安全な〝ベースキャンプ〟を与えて、縄張りの匂いに慣らしてやるべきだったのに……。

ラビはパニックになり窓枠によじのぼり硬直したまま、四時間はそこを動かなかった。小さな体で必死に頑張っていたが、ついに眠気に勝てなくなり、リビングルームのカーペットに顔から着地した。

以来七年間で二つの州と八軒の家を移り歩いたが、ラビは二度とおびえることはなかった。彼は八キロ近い巨体となり、みんなを守り、頼れる〝ビッグダディ〟となった。多頭数が共存するためには欠かせない存在となったのだ。

安定した猫社会構造は、今まさに目の前で美しく崩れ去っていった。そのときの僕は、いつもみなに教えていることとは程遠い反応をしていた。僕はクライアントに、距離を置いた観察者でいることが重要だと言っている。何が起きているかを観察し、それを詳細に報告してくれれば、そこから猫の理屈が人間にも分かるように解説しましょう、と。感情的になったところで、人間

新しい猫にはベースキャンプを作ろう！

「猫同士は放っておけば自然に仲よくなる」と言う人がいるが、とんでもない間違いだ。猫同士を紹介するときには、次のようにしよう。

●新しい猫専用のベースキャンプをつくる。その猫が安心できる縄張りを与える。適度なスペースに必要なものを入れ、飼い主の匂いと猫の匂いを同程度につけておく。
●前向きなつながりを持たせること。食事時間がちょうどよい機会だ。匂いだけを通じて紹介することが大事だ。まず部屋の端と端で食事をさせる。食べている間、猫と猫が彼らのペースでアイコンタクトがとれるようにしてやる。間違っても飼い主のペースで進めてはいけない。
●場所を交換する。どの猫にも、家はみんなのものであることを認識させる。つまり全員がすべての場所を共有する。そのために時間が重ならないようにして場所を交換し合う。
●限度をわきまえること。自分の直感を信じて、全員を集める時期を選ぶ。失敗はつきものだが、この手順を踏んでいれば混乱状態は避けられるはずだ。

にとっても猫にとってもいいことはない。当然、猫同士の関係も修復されない、と。

このときはタイミングも最悪だった。バンドはボールダー最大のライブ会場フォックスシアターでの初ライブを目前に控えていて気もそぞろだった。やっと三日後のライブ明けに、ラビをドクター・レイチェルのところに連れていった。特に大きな怪我はなく鼻の毛が少し抜けた程度だった。が、彼は〝威厳〟という大きなものを失った。ラビはまるで下層民に落とされたかのように、忍び足で隅っこを歩くようになった。王座をおりる気になった理由が何かあるはずだ、と僕はドクターに言った。

僕は以前テレビで見たタンザニアに住むライオンに関するドキュメンタリー番組を思い出した。誇り高きライオンも、いずれ老いて体が思うように動かなくなる。そしてあるとき若い挑戦者が現れ、屈辱的に(少なくとも僕には思えた)その地位を追われてしまうのだ。

でもラビはまだ七歳だ。たしかに体重は重いかもしれない。だが年寄りではない。

「そうね、ラビとベニーは人間よりよっぽど状況が分かっていたようね」とドクター・レイチェルは言った。「ラビは糖尿病よ」。

「そんなはずない。水をやたら飲むことはないし、体重だって落ちてない。食欲だって変わらない」

「これを見て」と言いながらレイチェルが検査結果を差し出した。彼女の言うとおりだった。

「蜂蜜みたいな血糖値だわ」

あのときは理解できなかった状況が、これを書いている今はよく分かる。猫社会の構成がすでに変わっていたのだ。健康問題を抱えたラビは、もはや猫たちのまとめ役にふさわしい猫ではないと、自ら合図を出していた。猫の数も増え勢力関係が複雑になる一方、ラビは彼らをまとめる力を失いはじめていたのだ。そんなとき縄張りのバランスが崩れた。それはものすごいストレスだったろう。

しかしそれから数週間後、さらに驚くようなことが起きた。ラビは救われたのだ。ここぞ尻尾を丸めて歩くこともなく、穏やかに横たわって周囲を見守るようになった。務めを果たさなくてはいけないというプレッシャーに立ち向かうのをやめ、ラビは喜んでベニーに地位を譲ったのだ。まとめ役を任せることにしたのだ。ストレスから解放されたラビは心底安心した様子だった。

しかし悲しいことに、ラビはそれから坂道を転げ落ちるように衰えていった。羊型インシュリン、人間型インシュリンと、あらゆる療法を受けさせようとしたが、どんな治療も嫌がった。それまで見られなかった症状も出てきた。癒しきれない喉の渇きから水分をとりつづけ、結果的に頻尿を引き起こす。末梢神経障害（後ろ足が弱り、最終的に動かせなくなる）も出て、体重も急激に減少した。

救う道があり得たなど、当時は知る由もなかった。インシュリンに頼るのではなく、穀物抜きの肉食にしていたら、ラビは死なずにすんだかもしれない。何年も後になってこの食事療法を知ったとき、僕はしばらくドクター・レイチェルを恨んだ。猫の栄養について勉強が足りないと責めたい気分になった。だが、僕に長年睡眠薬を処方した医者を責められないのと同じで、勉強不足だった自分自身を責めるしかないのだ。

約四カ月後、ラビは僕たちに別れを告げ旅立っていった。そしてベニー、ヴェローリアと僕は、ガールフレンドと別れたばかりのベスとともに新しい家へ移った。ベスとは僕がボールダーに来て以来のつきあいで、お互いに何を考えているか分かる関係だ。音楽をやりながら、ハイになる。互いに悪影響を与え合う最高の仲間だった。人を家に招くことはほとんどなかった。リハーサルと仕事以外で僕たちが過ごす場所は、ドラッグの売人の家だけだった。

それからの数年で、僕のドラッグ依存症は〝ひどい〟を超えて、滑稽なくらいになっていた。なんとか保っていた体面らしきものも、すべて崩れていった。あのアパートメントを思い出すたび、足元まで迫る流砂に自分が埋もれていく様子を想像する。まさにずっと恐れてきた状態だった。

僕は何も言わずにベッドルームに隠れていた。そのうちベスすらも避けるようになった。彼女はマリファナをやらないし、酒にしてもビリヤードをしながらウィスキーを飲む程度だった。そういう仲間の前でハードドラッグをやるのはあまりに恥ずかしい。

僕はひとりで部屋にこもり、コカインの粉を手鏡の上で細かく刻んで、細い筋を作って吸い込み、また次の線を作り、完璧な儀式をこなすことに酔っていた。その静かな小さな動き。この美しい動きだけでいい。自分で自分を動かしてるんだ。そうしてコカインだけでなくマリファナや

猫は肉食動物
キャットキンスダイエットのすすめ

猫は肉食動物で、狩りをして獲物をつかまえ食べるのが本来の姿だ。主食は小麦やトウモロコシではなく、魚ですらない。肉だ。長期的に見た場合、猫に最もふさわしいのは、高たんぱく、低炭水化物の食事である。

個人的には、猫にはローフードがいいと思う――そう、生肉だ。とりわけ近頃は、動物に高品質の肉を提供しようと頑張っている小さな会社が増えてきて、こういうものも手に入りやすくなっている。肉食動物として生まれた猫の消化管は、短くまっすぐだ。生肉を食べる動物には、これが最も適している。それに猫が草むらでネズミを串に刺して焼いているところなど、見たことないだろう？

そうはいっても、やっぱりローフード・ダイエットはちょっと、という人には〝キャットキンスダイエット〟、つまり猫の〝アトキンスダイエット〟でいい。高品質の穀物フリーのドライフードでなくウェットフードを探してほしい。

どうすれば品質を見分けられるかって？　自分の食材を選ぶときと同じだ。成分表示を読めばいい！

「え、うちの猫にはいつも同じドライフードをあげているけど、前の猫なんて 22 歳まで生きたよ」と言う人は必ずいる。たしかにそういう例もある。だからといって、わざわざ危険を犯す必要はない。

クロノピンをやるうちに意識が遠のいていく。

「ちょっと、大丈夫?」とベスが声をかけてきた。

「いや、立てない。ベッドに連れてってくれないか。僕が重いのは分かってるけど、なんとか頼むよ」

だが無駄だった。ベスは自分のベッドに戻ってしまった。知りあったころの彼女はまだ十代で、僕はソングライターとして身を立てようと情熱を燃やしていた。それから何年も一緒に苦労を重ねてきた。コロラドの真冬にライブに間に合わせようと高速道路を突っ走り、同じベッドに寝て(彼女は完全なレズビアンで、さすがの僕も誘う気にはならなかった)、砂漠のど真ん中でガス欠になっても大笑いして共に人生を楽しんできた。

その関係も、ついにここまで来てしまった。死んだようになってぶっ倒れているまぬけな大男と、その僕を置き去りにする彼女。これが友情だ。これがドラッグでつながった友情なのだ。分かったか?


当然ながらHSBVでの仕事も、同じように窮地に追い込まれつつあった。施設の新築計画が進み、資金集めのキャンペーンにも力が入ってきたころだった。その戦略ミーティングが朝いちばんにはじまる。十五分後エスプレッソを飲んでから席を立ってトイレに行き、そのままトイレで寝てしまう。

地域支援ディレクターという立場上、僕たちの主張が世間に受け入れられるように、この施設が地域にとっても欠かせないものだと分かってもらえるよう説得する責任があった。僕はそういうことは得意だった。だが慣れているのは学校やペットショップで、新聞やラジオといった大きな場ではなかった。押し寄せる砂にどんどんのみ込まれていく間も、プレゼンテーションを即興でこなせるくらいにはなっていたが、ここで求められたことは、もはや僕の能力を超えていた。だから、そんな自分が地域支援ディレクターになると聞いたときには本当に仰天したものだった。

クビにするほうがよほど楽だったはずだ。まともに仕事をこなしていなかったのだから。それなのに、僕に価値を認めてくれたらしい。猫を相手にやっていたことが、管理責任者としての無能ぶりを補っていたということだろう。僕はクビにされる代わりに、猫相手の仕事もやりつつ移動譲渡課（モバイル・ペット・アドプション・ユニット／ＰＡＵ）の長を務めることになったのだ。つまり僕（崩壊寸前のキャットダディ）が、（崩壊寸前の）キャンピングカーに、あふれんばかりの動物とボランティアひとりを乗せて、週に三、四日走りまわるのだ。

この変化はありがたかった。自分に向いている仕事だし、息の詰まるような建物から外の世界に出られるのもうれしかった。動物を世話することの意味を地域の人たちに伝えるだけではなく、実際に動物を見せることほどシンプルでダイレクトなメッセージはない。

毎日ボランティアと施設内を見てまわり、その日連れていく猫を五、六匹と犬一匹（ときにはウサギも）を選ぶ。そしてスーパーや町の祭り、フェスティバル、どんなところへでも連れていく。選ぶのはいつも、特に人に会わせたい動物たちだ。つまり施設に長期間置かれ、引きこもりがちになっている動物、あるいは何らかの点で〝過度〟になっている動物――年のとりすぎ、太りすぎ、あるいは臆病すぎたり、大胆すぎたり、黒すぎたり、つまりなかなか引き取ってもらえないタイプだ。

スタッフから「ねえ、この子はもうここから出ていかせてやらないと」と言われると、僕はそういう動物を連れて出かけた。

「ママ、ママ、見て、子猫がいる！」

スーパーの駐車場に設置されたＰＡＵブースで座っていると、そんな声が聞こえてくる。僕は一度読んだ猫のしつけ本を読み返し、気になる部分に線を引いていた。

「分かったから、ジョーイ。お昼を食べて、お店でママが買ったものを返品した後でね」

その二十分後、疲れた表情の女性が、元気すぎる六歳児に引っぱられるようにして僕の前に現れる。僕は前もって作っていた説明用のカードを脇に置いて、子どもに猫を見せ、母親に束の間の休息を与えてやる。三十分後、ジョーイの母親は、猫こそ自分たちに必要なものだと悟っているかもしれない。そして母と子が帰っていくとき、これでまた一匹、いい家を見つけられたと僕は確信をもって見送る。

立ち寄る人が少ない日には、新しい技を頭の中で考えて、それを猫か犬（ときにはウサギ）で試し、思ったとおりにいくかどうか確かめる。

動物の行動について学ぶには絶好の機会で、そんなチャンスをもらえる業務につけたのは信じられない幸運だった。結果として、ＰＡＵで何匹もの猫に引き取り先が見つかり、それを功績として認められて助成金が出た。資金ができたおかげで、僕はＰＡＵ用に新しいランドクルーザーを設計し製造してもらった。

一方その当時、ボールダーの音楽シーンはすたれつつあった。何度も僕たちと同じステージに立ったバンドが、逃げるようにシカゴやオースティンやシアトルへ散っていった。この地域の登竜門的な場所だったフォックスシアターが〝ディスコインフェルノ〟と銘打ったＤＪナイトをはじめた時点で、この廃退は予測できたはずだ。ＤＪナイトはたちまち人気となり、ほかのクラブにも波及していった。どこのバンドもバットで殴られたように立ちすくんだ。

僕のバンド、ポープ・オブ・ザ・サーカス・ゴッズは経済的にも人間関係のうえでも窮地に陥った。いつもけんかばかりするようになり、僕がＰＡＵのトップになってから一年か二年経ったころ、ついにバンドは解散した。

そういうときでも僕は猫の世界では変わらず熱心に働いていて、このころは〝キャットボーイ〟として親しまれるようになっていた。ＨＳＢＶの会報だけでなく、ほかの施設の会報にも記事を書き、あちこちでスタッフやボランティア、里親などを対象にワークショップを開きはじめた。

　やがてHSBVの最高経営責任者（CEO）であるダニエルが、あるアイデアを思いついた。それは、これまでの概念を根底からくつがえすようなアイデアだった。〝家庭を個別訪問して、ペットの悩み相談にのってはどうか〟というのだ。施設の資金を投じる価値はあると彼女は考えた。

「これから猫を連れていきます、うちではもう飼えません」と電話がかかってきたら、彼らが来る前に僕を出動させるのだ。

「どうしましたか？」と、相手の家に着くと、僕は言う。

「猫が子どものおもちゃにおしっこをするんです」とイライラしながら母親は訴える。

「いちばん上の子が八歳で、猫は十歳だから、子どものことを嫌っているんです」

「まあ、そう先走らないで。ちょっとトイレを見てみましょう」

「分かりました」

「このおもちゃがトイレのまわりを砦（とりで）みたいに囲んでいるでしょう？　大きな音が出るし、勝手に動くものもある。たぶん彼は取り巻かれて攻撃された気分になっているんです」

「ほんと？　うちの子のことが嫌いだって言ってるんじゃないの？」

「違います。彼は〝ここは僕の場所だ、僕の陣地が攻撃されてる！〟と言いたいんです。あなたの猫は自分の場所を守っているんです。お子さんたちの遊び場を移すといいですよ。子どもたちとスペースが重ならなければ、猫は脅威を感じずにすみますから、悪さもしなくなります」

「そんなに簡単にいくかしら」

「簡単とか簡単じゃないとかではなくて、猫の目線で見てみるということです」

実際には簡単だった。猫の立場にたって解決にあたればいい。これでまた一匹、保護施設にかわいそうな猫が来ないですんだ。こういう家庭訪問は、新しい段階に進んでいた僕にとって非常に大きな価値があった。飼い主に猫の目線を理解してもらうこと、猫がどんなふうに世界を見ているかを分かってもらうこと、それは何より欠かせない大事な点だった。

家庭訪問の七十五パーセントくらいはこういう結末になる。あとの二十五パーセントは「とにかく引き取ってほしい」という飼い主が相手だ。おしっこの問題を解決したのに、その結果を受け入れず、なんとも言えない表情を浮かべる（ベニーの前の飼い主もそうだった）。おそらく、彼ら自身が予想していなかった展開に、ある種のパニックを起こすのだ。

すると突然、今度は「息子が猫アレルギーだと思うんです」とか、「どちらにしてもそろそろ子どもが欲しいと思っていましたし、猫は赤ちゃんによくないと聞きました」とか言い出す。できれば避けたい展開だ。

僕は施設に預けることの意味を話す。不幸な末路がありうることを説明し、思いとどまってもらおうとベストを尽くす。ただ、この飼い主からは解放してやったほうが猫にとってもいいだろうと思うときは別だが……。

施設から引き取ったばかりの猫についての相談を受けることもある。猫たちが新しい家でずっと暮らしていけるようにするためだ。他愛ないことに聞こえるだろうが、これもダニエルが定めたステップだった。こういうところから、ペットが返される件数が減っていくのである。トイレのしつけの問題や、子どもやほかのペットとうまくいかないなどの理由で返されてしまった動物たちには汚点がつく。スペースの足りない施設では、そういう汚点が安楽死への道を早めるかもしれないのだ。

いろいろな活動の甲斐あって、数百万ドルという支援金が集まり、最新式の建物が建設された。だが勝手ながら、僕は複雑な気分だった。たしかにピカピカで、広くて、清潔で、すべてが新品だ。ほかの猫になじもうとしない猫には個別のケージ。仲間と仲よくできる猫は数匹で一緒に暮らせる部屋。防音も完璧で、動物たちと触れあう部屋も設けられていた。とりわけ猫たちの環境はすばらしく進化した。

反面、管理者の世界と動物の世界とが明確に分かれてしまっていた。以前の建物も二階建てだったが、オフィスは一階と二階のあちこちに散らばっていた。実際さまざまな仕事を担当したけれど、前の施設では二階で作業をしたことなど一度もなかった。

新しい建物では二階の事務局サイドに入ると、ここに動物がいることすら忘れそうになる。匂いがしない。自分がどこで働いているのかさえ分からなくなる。ここに来てからは、ＰＡＵで外に出かけるか、あるいは階下におりて猫の相手をしないかぎり、自分の職場を忘れてしまいそうだ。もう自分たちの施設ではなくなったような感じさえした。前の施設は天井が穴だらけで、雨が降ると夜でもバケツを持って走りまわったものだ。

そんな思い出にひたる僕がばかなのかもしれない。しかしそういう経験が、スタッフみんなをしっかり結びつけるものなのだ。若いころ、無名のバンドに夢中になるのに似ている。自分と仲間たちしか知らなかったそのバンドが、ある日大手レコード会社とメジャー契約を結ぶ。そして有名になり手が届かない存在になる。うれしいはずなのに寂しいという複雑な思いだ。

以前の僕たちは「共同体」だったのに、移転したら「組織」になってしまった。僕は失ったものを憂いながら、同時に迷いを感じていた。人生が大きく広がりはじめると、いつもこんなふうに悶々とする。ビッグになりたいという気持ちはすごく強いのに――大きな成功、大きな賞賛、大きな目標と行動のための大舞台――実際にその大きなものがやってきてドアを開けてみると、そいつはとてつもなく大きく悪いオオカミなのだ。赤ずきんが出会ったオオカミと同じだ。

この施設での日々が終わりに近づいていることを、僕は痛いほど感じていた。天からも友人からも、〝もう次に進んでいい、独立したほうがいい〟とささやかれていた。

ある日、知人の猫の行動専門家が、仕事をやめると言ってきた。僕のほうで準備ができたら、いつでも彼女のクライアントをすべてまわしてくれるという。そのころすでに僕は自宅でもコンサルティング業をこなし、それなりの稼ぎを得ていた。

そんなころに、ジェンと出会った。

薬との決別、そして葛藤

ジェンを初めて見たとき、僕はロビー脇にあるガラス張りのスペースで、人になつかない猫たちの相手をしていた。

隠れる場所を少しずつ調節しながら進め、そのときは肉の包み紙をガラスに置いていたところだった。必要なプライバシースペースを与えてから、だんだんと緊張を解いていこう。彼らのペースに合わせて……そんなことを考えていると、ガラス越しに正面玄関に入ってくる女性が見えた。彼女は受付に何か声をかけてから、里親希望者の面会エリアに向かっていった。

〝わ、美人だ！〟と僕は思った。〝いや、美人なんてもんじゃないぞ。最高だ！〟

イカレたガールフレンドと別れてから一年以上経っていた。別れたあと僕は落ちていく一方で、そろそろ誰か相手を探さないと僕の魔力も完全に消えてしまう、と自分で分かっていた。

そこで僕は、彼女がロビーに戻ってきたところをつかまえた。

「僕の友達を一匹連れていく気はありませんか？」

「まだ無理だわ。私の猫が死んだばかりなの。今日はただ猫のエネルギーを感じたくて来ただけなの」

　僕はすぐさま、悲しみを癒すカウンセラーモードに切り替えた。動物たちが去ったあとの悲しみの谷に落ちてしまったかのような悲しみ。その悲しみを癒してあげようとすると、なぜか僕はいとも簡単に自分を出せる。悲しみの谷から引き上げるガイド役をさせてもらえるのは、いつも不思議と光栄な気持ちになれるものだ。

　その女性はアパートで火事を起こしてしまったという。数えきれないほどのろうそくを灯し、そのうちの一本からあっという間に火がまわった。燃え広がる炎の中を飼い猫二匹を探した。一匹はつかまったが、もう一匹はベッドの下で動けなくなっていた。ベッドは重すぎて動かせない。結局、彼女は助かるためには、焼け落ちていく家から逃げ出すしかなかった。

〝こ、これは悲しい、悲しすぎる、ヒドイ。おいギャラクシー、彼女を誘おうなんて考えるな。やめろ〟

〝うるさい〟と、もうひとりの自分が言い返した。

〝彼女は最高にすてきな女性だ。その彼女が傷ついている。悲しみでますます魅力的だ。ああ、情けないヤツめ〟

　僕のほうから女性に声をかけることはない。レストランかバーで誰かに目をつけたとしても、せいぜい誘うような目つきをして、それを感じとってくれるように祈るだけだ。でなければ、せめて相手も僕に何かを感じ、誘うような目線を送ってくれることを願うばかりだ。

だが実際はそんなことになったためしはない。ほかの男が使い古されたせりふを武器に、ノーと言われようがしつこく迫り、その結果、勝ち誇ったように電話番号を手に入れて店を出ていくのを見ると、いつも信じられない気分になる。首を振って「あんなことをやるくらいなら、僕は最初から手を出さない」とつぶやきながらも、本当にそう思っているのか、本当は羨ましいのか、よく分からない。

「コーヒーでも飲みに行かないか」

自分でも思いがけない言葉が口をついて出た。心の中で〝こんな状況で近づくような危険は避けたほうがいい〟ともうひとりの自分がささやく。しかしそうした懸念も、彼女への熱い思いの前には意味をなさなかった。

悲しみと恋心につられて行動することへの恥じらいで、心は揺れ動いたが、それはジェンも同じだったと思う。その気持ちを確かめるためにも、話しかけてよかったのだ。

僕たちが出会ったのは十月だった。ハロウィンの日にジェンのアパートに行き、二人で彼女の友人を待った。ジェンは、これからルネッサンス風仮装パーティに出かけるかのような格好をしていた。だがいつまで待っても友人は現れず、どうやら忘れられたらしいと考えるしかなくなった。僕はごく自然にジェンの両肩をつかみ、こちらを向かせる。そこから僕たちの関係ははじまった。

これは僕自身の経験から言うのだが、自分の中の小さな声に耳を傾けないとしても、あるいは「今度の彼女はやめとけば?」という友人の警告を無視するにしても、自分の動物たちの言うことだけは聞いたほうがいい。

僕は彼らに耳を貸さなかった。ベニーとヴェローリアは完全にジェンを嫌っていた。猫好きを自認するジェンは、すぐに彼らをつかまえて抱きしめる。そのうち彼女が手を伸ばすたび、ああ、また爆弾炸裂だ、と僕は自動的に顔をしかめるようになった。

ヴェローリアは抱かれた途端、雷に打たれたかのようにジェンの腕の中から飛び出す。

「こんなに嫌われるなんて大したもんだわ!」と言いながら、今度はベニーに目を向ける。

ジェンが「ママにキスして」と言ったその瞬間、僕にはたしかに、ベニーがアニメ『バッグス・バニー』に出てくるペネロッピーに見えた。おぞましいスカンクのペペ・ル・ピュに抱きつかれ、懸命に身をよじるあの猫にしか見えなかった。

逃げ切ったベニーは遠くから僕を見た。その目が作曲家の友人ベン・ワイザーを思い起こさせた。困惑と嫌悪の入り混じったようなその表情。もし彼がここにいたら、ワインカラーのシルクスカーフを首に巻いて、細長い煙草を指先に挟み、そのヨーロッパ風の装いで首を振りながら言うだろう。

「ふむ、これは面白いことになりそうだ」

ジェンと暮らしていくうち、ベニーはあからさまに不快感を示すようになった。たとえば彼はときどき可愛らしく噛みつくことがあるが、最近は可愛いを通り越して血がでるほどに噛む。イライラしてきてガブッと歯を立てるのだ。僕に対してそうなのだから、嫌いなジェンにはどうなるか、簡単に想像できるだろう。

ある晩、危機的状況がおとずれた。僕たちが大げんかしたことをベニーは敏感に感じ取った。そして二人が座る長いソファの背もたれの上に陣取った。空間を独占したがる猫とこういう位置関係になるのは避けたほうがいい。これは誰よりもベニーが教えてくれたことだった。彼は頭を低くしお尻を高く上げる典型的な攻撃態勢で、ソファの反対側から忍び寄ってくる。ジェンが振り返ってベニーを見たとき、一瞬にらみあいになった。

ジェンが緊張をほぐそうと「あら、お兄ちゃん、どうしたの?」と声をかけ、僕は僕で危険を察知し「おいおい」と声をかけようとしたが、言い終えないうちに、ベニーがジェンの頭を三発連続で叩いた。彼女の眼鏡が落ちる。そして次の瞬間、ベニーは彼女の頭に噛みついていた。パンパンパン、ガブッ! すべてがあっという間だった。

ジェンはひどく傷ついた。痛かったのはもちろんだが、問題はそこではない。ベニーから危険な侵入者と見なされていること、こちらが愛していてもベニーには愛してもらえないこと、そのほうがショックは大きい。これが動物と飼い主の関係を壊す大きな原因になる。

僕のクライアントにもこの問題が多いことに、すでに気づきはじめていた。飼い主たちの関係性が〝投影〟され、動物はそれを感じとる。そうしてますますネガティブな行動が促進され、修復不能なほど壊れてしまう。その前に気づいてほしい、自分たちが猫を追い詰めていることを……。僕はいつもそれが言いたくて必死になっている。

つまり問題はジェン自身ではなく、僕たちが生み出したこの部屋の緊張した空気なのだ。ベニーはその空気に押され、いらだって攻撃的になるのだ。

少し気持ちを落ち着けてから、自分が目にしたことをもう一度考えてみた。ひとつ分かったことは、ベニーが興奮してきたら、すぐに察知できるようにならなければいけない。興奮はあっという間にハイレベルに達する。なんとかその手前で止めることが重要だ。風船がふくらみはじめたら、破裂する前に空気を抜くのだ。

僕はベニーと自分自身を訓練する必要があった。ベニーは本質をさらけ出しているのだから、僕の苦手な〝聞く〟ということもきちんと行う義務がある。

同時に、過度な刺激というものの本質も定義し直す必要があった。全身を撫でまわし、かわいがりすぎることだけが猫を興奮させるのではない。空間そのものが刺激の原因になりうる。部屋にいる人たち、屋根にあたる雨の音、あるいはエネルギーを向ける方向がずれている人（これがけっこう多い）などなど……。それらの環境要因が興奮の引き金になる。

自分の縄張りで嫌な声がすると、猫は誰かに怒鳴られたような気分になる。僕はそのときベニーが起こした大地震とその後もつづく余震を止めようと、懸命に彼の気持ちに同調しようとした。すると初めて、すでにベニーが教えてくれていたのに、僕が注意を払っていなかったことに気づいた。

彼は牙をむくずっと前から、いらだちを訴えていた。ベニーが「ミャオ」と鳴くのはイライラしたときだ。「ミャオ」と一音節だけ鳴く。ずっと声を出していなかったときのようなしゃがれた声で鳴く。たとえば、午前四時にかかってきた電話に、驚きといらだちの混じった気分で応答するときのような声だ。

そんなふうに声で示すか、ゆっくりと口を開けるか、あるいはその両方か、それが試合開始の合図なのだ。ベニーの口が開きかけたらそこで、「ん？　ダメだ！」と注意する。すると口が閉じる。そうしたら褒めてやる。内側にいる獣を目覚めさせたくないなら、ちょっと噛むのさえ許してはいけない。口を開けた状態で近づかせることもダメだ。その場で正す。

たしかに時間がかかるし、忍耐強さも要求される。でも必ずいつか改善する。

ベニーはジェンが立ち直れないほど打ちのめしたわけではない。きっと彼は、ジェンが僕の人生にプラスの要素を持ち込めると気づいていたのだろう。

ジェンと出会ってから一週間たったころ、僕は彼女の家のバルコニーでドラッグ仲間と電話で話していた。通話を終えて室内に戻ると、ジェンはガラス張りのドアから少し離れたところに立って待っていた。

猫に投影されてしまうもの

●猫の頭の中をのぞかない！

自分がイライラしているときに猫の考えを読み取ろうとするのはタイミングとして最悪。投影とは、自分の望まない感情の原因をよそに求めようとする、一種の防衛機能だ。つまり飼い主が猫に腹を立てれば立てるほど、猫に責任を押しつけがちになるということ。猫が自分を嫌いだから、それを態度で表していると思い込んでしまうのだ。

●距離を置いて観察しよう

人間対動物のドラマを勝手に創作してそれを演じるのではなく、パターンを記録するいいチャンスだと考える。そして相手がどんな悪さをしているのか観察し、行動をできるだけ細かく書き出してみよう。情報が集まれば集まるほど、猫の動きの本当の意味が読めてくる。たとえ一週間分でも、読み返す価値はある。

「聞いてほしいことがあるんだけど。私ね、実はドラッグとアルコールの依存症だったの」

くそ、なんてこった、さあ、来るぞ……。

「きっぱりやめて、もう十五年以上になるわ。この先どうなるにしても、私がお願いしたいのは二つだけ。まず、あなたが何をやろうと私は全然かまわない。でも、私のそばではやめてちょうだい」

まあ、それはなんとかなる、と心でつぶやく。

「二つめ。一緒に依存症を克服するためのミーティングへ行きましょう。私がどんな生き方をしているか分かるから」

このとき僕の内なる声が一瞬ゆらいだ。ため息をついて天を仰いだかもしれない。どういうお膳立てか気づいて当然だったのに、僕はこのとき分かっていなかった。頭に浮かんだのは、〝一緒に行かなければジェンは僕の元を去るだろう〟ということだ。それだけは避けたい。

金曜のミーティングには何百人という人が集まっていた。おかげで目立たずに気楽にジェンと入っていくことができた。それに僕はかなりハイになっていたから、大勢の中にまぎれ込めると思うとホッとした。今夜は誰かが話をしてくれるらしく、これまた大いに助かった。立ち上がって「こんばんは、ジャクソンといいます。僕は依存症じゃありません」などと言わなくてすむのだ。この堅物たちや貞淑そうな妻たちの話を聞いていればいい。

「神を信じることで人生が救われた」「もう衝動に負けることはない」という宣言や、「新しく生

入るエネルギー＝出るエネルギー

興奮した猫に理屈は通用しない。口で言っても聞いてはもらえない。だが運動させることで、好ましい方向にエネルギーをそらすことはできる。一緒におもちゃで遊ぶとか、あるいはレーザーポインターだっていい、なんらかの標的に意識を向けさせることはできるはずだ。

過度に刺激する原因として気をつけたほうがいいものを、いくつかあげておこう。

●撫ですぎ
●攻撃的な遊び
●環境の影響による興奮
●過度に体を揺すったりして褒めること

まれ変わります」という力強い言葉をのんびり聞いているだけでいい。恋人としての義務を果たしたら、ジェンと家に帰れる。抱き合いながら静かに眠りにつける。

今夜、話をするのはドミトリという弁護士だった。そいつが身につけていた高級スーツは、うちの家賃三カ月分に相当する代物だった。おそらくその姿のままで食事をすませ、法廷に出ていたのだろう。ちょっとくたびれた感じはあったが、それが逆にかっこよく見えた。

彼は深く息を吸い、水を飲み、両ひじをついてにっこり笑った。それから背筋を伸ばしネクタイを引っぱり、ようやく口を開いた。

「こんばんは、ドミトリといいます。私はドラッグ依存症で、アルコール依存症です」と誇らしげに言った。まるでカントリーミュージック専門ラジオ局の公開生放送ステージでスポットライトを浴びながら、「ハロー、ジョニー・キャッシュです」と挨拶するかのように。

そう思った瞬間に気がついた。〝そうだ、ジョニー・キャッシュは依存症だったじゃないか。ジョニーだけじゃない、レイ・チャールズも、マイルス・デイヴィスも、スティーヴィー・レイ・ヴォーンも、エリック・クラプトンも……〟。

吐いた物で喉を詰まらせ、ロマンティックな悲劇を演じた人すべてにサバイバルストーリーがある。それもただ生き延びただけではない。酒という芸術の女神と縁を切ったあとでも、彼らはすばらしい作品を生み出しつづけた。

猫の鳴き声
——今、なんて言ったの？

猫は 100 を超える種類の声色を使い分けるらしい。そのいくつかを紹介しよう。

●「ミャ〜オ」と鳴くとき

猫にしては珍しく人間に譲歩を示している。大人の猫はこの声を人間だけに使う。猫同士で使うことはない。人間が猫との触れあいを求めて〝アイ・ラブ・ユー〟とまばたきを使うように、猫も人間に近づくために「ミャ〜オ」を使う。

●喉を鳴らすとき

満足のしるしであることが多いが、まれに病気のときやつらいときにこの声を出す場合もある。この珍しい声音は、25 ヘルツから 150 ヘルツの間の周波数で喉頭を震わせて出す音だが、この周波数は骨の成長や疾患の治癒に役立つと考えられている。

●うなり声や、シューッというような声を出しているとき

何かに脅威を感じ、身を守ろうとしている。

●鳥を見ながらさえずるような声を出しているとき

獲物に催眠術をかけて、その場にとどまらせようとている最中！

ドミトリの自己紹介と本題に入るまでの一瞬のうちに、それらが僕の頭をよぎった。今夜は長い夜になることを、この瞬間に気づくべきだった。

ドミトリが話し出してわずか五分、彼の生活が僕と同じであることが分かった。

「クリスマスの二日前に、妻から離婚届が届きました。私は思わず拳を振りかざして神を呪いました。よりによって書類を届けてきたのは、私がふだん召喚令状を届けさせている配達人だったんです！」

ドミトリは大声で笑い出した。それを合図に数百人の聴衆も一緒になって笑う。

「サインするしかないと分かっていましたが、とうてい無理でした。サインする気になどなれなかった。クリスマス当日の朝、意志が強いことで知られる私の最後の抵抗も終わります。子どもたちは妻と一緒にどこかにいる。かわいそうな子どもたちはどこかのビジネスホテルの一室で、パパ抜きでクリスマスを過ごしている。あの女は儀式張るのが好きだから、今日の日を記念日にしたいんだ。私はひどく酔っぱらい、そんな話を大声でわめきながらナポレオンをボトルからがぶ飲みしていました。自分の悪運を呪っていたら、くわえていたパイプで唇をやけどする始末ですよ」

会場の全員が息を詰めていた。ここにいる数百人全員が、この話をそらんじている——自分たちの話なのだから。それでもこの映画の主人公にみなが同情を寄せていた。ドミトリの痛みも、誇りも、奈落の底へ真っ逆さまに落ちていく境地も、まるで彼だけが経験したものであるかのように。

「彼女は最後の慈悲のつもりだったのか、電話をしてきました。電話口に息子たちを出して、〝お仕事で出かけている〟パパにメリー・クリスマスを言いなさい、と言いました。酔っぱらっていたせいか、やけどで唇が腫れていたせいか分かりませんが、私はろれつがまわっていなかったようです。途中で妻がさえぎり、ひどく穏やかな声で言いました。『もう二度と連絡しないでほしいの。永遠によ、ドミトリ。この意味くらいは分かるわね？』と」

自分でも驚いたが、僕の目に涙があふれてきた。とはいえドミトリの話を聞いて、突然頭の中に〝私は依存症です。人生に大いなる力を受け入れて正気に戻ります！〟などという啓示がひらめいたわけではない。逆だ。僕はきつい拘束服から逃れようとするかのように身をよじった。こんな椅子になんてじっと座ってなんていられない、とジェンに文句を言ったが、本当の理由ではなかった。

ドミトリの人生は僕とはまるっきり違う。彼の問題は、僕とはまるっきり違うんだ。依存の内容だって違うし、そもそも僕は神にすがるつもりなどない、膝を折って神に祈る気などない。僕はそういうタイプじゃない。自分がどういう人間かは、自分でちゃんと分かっている。僕はドミトリとは違うんだ。僕は身もだえしながら、必死にこの思いにしがみついた。僕は違うんだ、と。そのうち涙に負けないくらい汗が出てきた。

みんな、ひと言も聞きもらすまいとドミトリの物語に耳を傾けていた。ひとりっ子で甘やかされて育った子ども時代にはじまり、仕事も大成功、男としての魅力もあり、妻と子ども、そして愛人もいた。ところが、どこかで一線を越えた。感覚を麻痺させることに救いを求め、逮捕され、屈辱を受け、そして最後にはお決まりのどん底にたどり着く。

聞いていた全員が――素面(しらふ)も、酔った奴も、依存症者も、新顔も、僕みたいになんとなくのぞきに来た奴も、ドミトリが奈落に落ちたみじめな気分を一緒に味わっていた。そして謙虚さを学び、日々の糧だけにとらわれない生活に目覚める気分を、共に感じはじめていた。

いきなりここにいる見知らぬ人々と自分を隔てていた壁がぐしゃっと消えた。僕の中で僕の自我が、するりと別次元に入るのを感じた。戸惑いと同時に立っていられなくなって椅子に沈み込んだ。ずっと息を止めていたかのように、大きく息を吐き出す。

「これはいったい何なんだ……」

ゆっくりと、何かが生まれてくる。

突然、自分の姿勢に気づいた。背骨を折って丸まり、まるで出来の悪い生徒が恥ずかしさのあまり消えてしまいそうに小さくなる感じだ。僕は出ていこうとしたが、足が凍りついたように動かない。罠にかかった気がした。

でも本当は分かっていた。ハイになった状態でも、プライドを捨てられなくても、感覚が麻痺していても――僕もクリスマスの日のドミトリと同じだと……。もちろん僕たちはみな違う人間だが、彼が語る人生は、ここにいる全員の人生だった。みんな同じだ。ホームレスの人も、僕みたいに友人や家族や同僚や世界中の人の目をごまかしているつもりでいる人間も、みんな同じなのだ。

ドミトリは話を終えると、「今日初めて参加した人は立ってください」と促した。もちろん僕は参加者ではないから立つ必要はない。僕は〝ビジター〟だ。すると、まるで僕の頭の中を読んだかのようにドミトリは言った。

「今聞いた話は当てはまる気がするけれど、依存症かどうか分からないという人は、部屋の後ろに〝私は依存症?〟というパンフレットがありますので、チェックリストをやってみてください。半分以上〝はい〟と答えた人は、真実を否定するのをやめて、本当の自分を認めてください」

そこでジェンが知人と話をしている間に、こっそりチェックリストをやってみた。好奇心というより、みんなの輪に入りたくなかったからだ。ここにいる人たちの誰とも話したくない。

●酒やドラッグのせいで仕事に遅刻したことがありますか?

――そりゃまあ、そういうときもある。だが大した問題じゃない。HSBVは気さくな雰囲気の職場だから。そう思ったが、僕にもまだ少しは正直さが残っていたので、「はい」にしるしをつけた。

●処方箋をもらうために医者に嘘をついたり、ごまかしたりしたことがありますか?

――まあね、だけど別にそんなことは……「はい」。ちきしょう。

●酒やドラッグを買うために、友達や家族の金を盗んだことがありますか？

――はい。

●ドラッグや酒の習慣のせいで、人間関係が悪くなったことはありますか？

――はい。

●ドラッグや酒の習慣が原因で仕事を失ったことはありますか？

――はい。なんなんだよ、これは！

答えが「はい」にならなかった質問はひとつだけ、「逮捕歴はありますか」。それも警察が家宅捜索に踏み込んできたとき、うまいこと僕はつかまらず、結果として逮捕歴がないというだけだった。鉛筆でチェックを入れるたび歯医者でドリルをギリギリねじ込まれるような気がした。もうこの椅子から逃げ出すことはできない。

次の晩も集会に参加した。そしてその次の晩も。さらには自分でも驚いたが、そのまた次の晩も出かけた。友人ができた。批判されない。それはすばらしいことだった。

自分がどん底まで落ちたことに気づくと、人は自分で自分を批判しはじめる。集会で出会う人たちは、それを分かっているように思えた。そして心のオアシスを与えてくれた。ジェンも応援してくれていたから、その気持ちに応えたかった。やろうと思えば僕はなんだってできる、僕は強い人間なんだと見せつけたかった。考えてみれば皮肉なものだ。この集会に来るということは、自分が破綻してしまったことを世の中に見せることなのだから。

四回目に出席したときだった。二〇〇二年十一月二十三日。ドミトリは断固とした態度で僕に迫った。

「ジャクソン、私がきみの家に行く。大丈夫、簡単だから。きみの家にある薬すべてを引き取る。全部処分してしまえば、また堂々と外を歩けるようになるんだ。さあ、私たちの仲間になると約束してくれ」

その晩僕は疲れきっていて、ドミトリの言葉の攻撃をかわす元気もなかった。それで仕方なく応じた。

「分かったよ。明日な。ベスが仕事に行ってるときに頼む。彼女には……見せられない」

その晩僕はめちゃくちゃハイになり、さんざん酔っぱらった。やめるなら、たっぷりやってからにしよう。ボールダー最高の上物マリファナをひと袋にクロノピンをたっぷり、ワインを二本。コカインも少し。さらには、みじめなほど探しまわったあげく見つけたエクスタシー数錠。それらを全部やった。

翌朝ドミトリ一行が来たときに残っていたのは道具だけだった。マリファナ用の水ギセルにパイプ、コカインを置く鏡、コルク抜き。それらがみんな持ち去られていくのを、僕は身を震わせ、ベニーは無表情のまま眺めていた。

僕という存在の唯一の証となるものすべてが消えていく。古新聞をため込んで自分の家を迷路のようにしてしまう人、別れた恋人のスウェットシャツを捨てられない人、彼らにとってそういうゴミが自分の存在の証になるのと同じだ。だが、すべて処分してしまうことが正しいことは間違いない。

たまたまパイプを残しておいたせいで、元に戻ってしまった人たちを僕も知っている。思い入れがあるから、ついクロゼットに放り込んでおく。ある日それに目がとまる。するともう元の木阿弥だ。

ドミトリたちは、僕がアパートのあちこちに分けて隠したクロノピンを見落としていた。そのへんは僕もなかなか賢い。ほとんどは目に見えるところに、薬瓶に入れて置いておいた。胸やけの薬の瓶とか……。〝聞かれなければ言うな〟の方針に従えということだ。ドミトリはびっくりするほど大きなゴミ袋を、サンタクロースみたいに背中にしょって出ていった。彼らが引き上げてものの数分で、僕はパニックに陥った。

翌日のトリップほどひどいものはなかった。映像が次々浮かぶ。僕はクライアントや里親や、ほかのスタッフ相手に、わざとらしく落ち着いた顔で話をしながら頭だけが体からふわりと離れて、自分の口からあふれ出す嘘っぱちをあざ笑っている。

「そうですね、この犬はすごくかわいい」――嘘つけ！　かわいいだと？

「散歩させてみますか？」――ああイヤだ！　これはマリファナのせい？　医者に行くべきか？

「ええ、予防注射もすでにすませています」――ああ、僕はなんてみじめな人間なんだ。

僕はまったく無防備で、恥と批判にのみ込まれそうになっていた。その日は誰と話していても気まずくなった。

だがその日の夕方、僕は特に深い心の傷を負った猫を相手にすることになった。首筋から肩までさすり、そっと尻尾を引っぱってセラピーマッサージを行う。そうやって触れているうちに、僕のエゴは完全に消え、自ら築いた防御壁も簡単に押し流されていった。

もっとこの猫の心に触れられるはずだ。まずそっとまばたきをしてアイコンタクトから入り、〝僕を信頼していいよ〟と伝える。それから片手を首の付け根に、もう一方の手を尻尾の付け根に置く。自分もリラックスして、彼がすべてをゆだねる気になってくれることを願う。

するといきなり、大地のエネルギーが僕の足を通してのぼってくるのを感じた。それは僕の手から猫の体に伝わり、再び大気中へと溶け込んで大地に戻っていく。彼もそれを感じていることが分かった。二十四時間前の僕だったら、とうていこの気の流れを感じとれたはずがない。これこそ〝根源〟の感覚——偉大な宇宙の源泉とつながったときの感覚だ。

今、僕はそこに手を差し入れ、入り込んでいく。僕には連れがいた。連れていったその猫に声ではなく体で感じとってほしいと頼んだ。この瞬間、何年も味わうことのなかった平穏がおとずれた。

それからの三カ月、僕は必死に自分の細胞を総動員して、その平穏をつなぎとめようとした(回復の第一段階だ)。あの九十日間をたったひとりでしのぐほどの強い意志など、世界中探したって見つからない。だが集会に行けば必ず誰かが、依存症から抜け出すことの意味を語ってくれる。僕はその人を見て思う。〝僕もこの人のようになりたい、完全な自分に戻れるという希望が欲しい。もう一度どんなことも感じとり、クリエイティブになれるという保証がほしい〟と。そして家に帰ればベニーがいて、施設で僕が出会った不幸な動物たちを思い出させてくれる。

その一匹一匹を示す生きたシンボルが、ベニーだった。そして彼も、〝完全な自分に戻れるという望みが欲しい。そのためにきみがまず完全になってほしいんだ〟と言っているように思えた。僕たち両方がその希望を見つける道は、僕が動物と関わる仕事に全精力を注ぐことだ。心も、身体も、魂も……。

政治家や最優秀選手に選ばれたプレーヤーが示す崇高な精神、ああいうものを僕は感じたことがなかった。彼らは目を潤ませ、母親やコーチ、神や救世主に対して、一途な感謝の意を表す。だが延々とみっともなくもがくことも崇高な精神力によるものだ。それが僕にとって偉大なる力となった。

依存を断ち切って二週間が過ぎたとき、ダニエルからオフィスに呼ばれクビを言い渡された。彼女はその理由を説明した。新施設の建設に伴う経済事情、合理化の必要性、人事の優先順位、寄付金の額……。

それを聞いているうちに、僕の頭にはある男の話が浮かんできた。恐ろしく汚れた愛車を洗車すべきかどうか悩んでいる話だ。ポンコツがかろうじてもっているのは、もしかしたら泥のおかげではないかと、男はひそかにおびえている。僕もそうだ。これまでなんとか持ちこたえてきたのも、泥のおかげだったかもしれない。泥ひとつついていない完全なクリーン状態になったら、僕はだめになってしまうのかもしれない。

依存症から抜けた人間なら誰でも知っていることだが、突然、まるで両足を切断され、歩き方を最初から覚えなくてはならないような気分に陥ることがある。どうやって一歩を踏み出せばいいのか分からなくなるのだ。

HSBVで働くうちに僕は、新聞やテレビ、ラジオなどで取り上げられるようになっていた。この先もその路線で行けばいい。だが問題は、その路線というのが困難な道だということだ。獣医師免許なしで猫のコンサルタントとして生活を成り立たせるなど、不可能に近いのではないか。アメリカ国内にだって数えるほどしかいない。だがダニエルはHSBVがあと押しすると言う――これから数カ月の間は施設からまわす仕事が主な収入源になるだろう、と。

外に出た僕は、太陽のまぶしさと今受けたショックとで、目をしばたたいた。車のドアに伸ばした手が一瞬止まる。ため息をつき頭を垂れる。だがふいに、うなだれた様子を誰かに見られているのではとあわてて自分にギアを入れた。〝ふりをする〟得意技を振りしぼり、車に乗り込んで思いきりドアを閉める。

さあ、もう自分で道を切り開くんだ。

失ったあとに得たもの

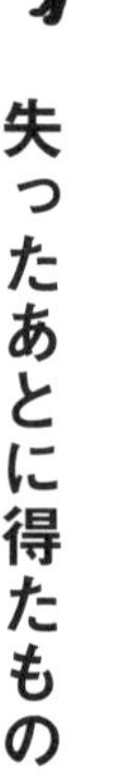

トラックが壊れたのは、クビになって初めてのクライアント宅に向かう途中だった。ＨＳＢＶを辞めて一週間で、僕のパソコンは熱くなりすぎて溶けはじめた。友人が修理してやると言うので、ニコチンの染みだらけで窓のないアパートまで届けに行った。電話では直すのは簡単だと言っていたのに、持っていったら、相当難しいに変わった。トラックはＨＳＢＶを辞める一週間前に千六百ドルで手に入れたものだが、整備工から警告は受けていた。

「こいつは完全に直る保証はできないな。もしガガガとデカい音がしたら、直らなかったと思ってくれ」

トラックを走らせながら、パソコンの修理費用と猫のコンサルティング業でどれだけ稼げるかを計算しているうちに、この仕事そのものが恐ろしくなってきた。そんなときに〝ガガガ〟という音が聞こえてきた。路肩へ寄せていく間に、あちこちでいろんな音が鳴りはじめ、トラックは見事に壊れた。

トラックがゆっくり止まると、僕のほうは逆にかっかと熱くなってきた。その異常な高まり具合は、正気をなくしていたころと怖いくらいに似ていた。

この一九八七年型フォードは、もう二度と使われることはないだろう。それならせめて何かの役に立ってもらおう。僕の怒りをぶつけるにはちょうどいい相手だ。涙とあえぎ声の勢いに任せてハンドルにがばっと覆いかぶさると、釘止めされていないものを片っぱしから引きはがした。さらにダッシュボードをバラバラにし、両足で速度計を蹴りつける。シフトレバーに引っかかったジーンズを無理やり引きちぎる。最後に乱れた息を吸い込み、フォード・ブロンコのプレートを蹴りつけて、グローブボックスの扉ごと落とした。ひとつくらい土産を持ち帰ろう。

破壊のあとの静けさに包まれたときに思った。すべて失った気分とはこういうものなんだと。その朝の僕には金も勤め先もなかった。そこまでならなんとかなる。だが今は、金も、勤め先も、パソコンも、車もない。僕は途方に暮れた。なぜなら、僕が本当に失ったものは、生きるための潤滑油だった。自分の存在に少しでも潤いを与えてくれるものは何ひとつなくなってしまった。

依存症から抜け出して三週間。こんな状態を切り抜ける手段なんて何もない。依存症者はリハビリの最中、その先の二週間に避けるべき重要なことをたっぷり聞かされる。とりわけ、今の僕みたいな途方に暮れた状態――恐怖、みじめさ、底なしの穴に落ちた失意状態のときは、その向こうにある光を信じなくてはいけない。そんなことはイヤになるほど分かっている。でも今目の前にある喪失感に打ちのめされ逃げ出したくなってしまう。

僕は道路脇にトラックを止め、泣きながら父に電話をかけた。

「どうして父さんにはできたんだ?」としゃがれ声で言った。「この国に来たとき、英語なんて全然しゃべれなかったんだろう? 何もないところから商売をはじめて、家族もちゃんと養って。冷たい親類は父さんが失敗するのを待ってたっていうのに。なぜできたのさ?」

——沈黙。

ようやく父は口を開いた。

「毎日、何かしらの気づきがある」

「とくに初めのころは、ひとつ売り損ねれば請求書の支払いがひとつ遅れると分かっていた。毎日ひとつ売り損ねた。でも毎日ひとつは契約がとれた。英語はひどいものだったよ。でも家賃を払うための金を持っているのは他人だ。さっき会った客なんだ。あの客にもう一度交渉できたら、とイライラ爪を噛みながら、もう夜の九時だけど電話しようかと考える。でも、そういうわけにはいかない。となれば、あきらめるしかない。自分は戦争を経験し、恐怖も味わった。食卓に何も食べ物がない状態も知っていた。それでもこうして五体満足でいられる。明日は今日よりもっとよくなるはずだ、そう信じられるようになっていた。自分にはどんな選択肢があるんだろう? そう考えた。今のおまえには、どんな選択肢がある?」

「分かったよ」

父の言いたいことは手にとるように分かった。

「だったら」

父の口調は、マイク・タイソンにやられたボクサーをなだめるセコンドのようだった。

「落ち込むのはあとにしろ。傷をなめる時間ができたらそのとき考えればいい。今はおまえを待っている猫がいるんだろう。さっさと自分のやるべきことをやってこい！」

僕は言われたとおりにした。

タクシーをつかまえ、後部座席で自分が起こした癇癪の後始末にかかる。朝はかっこよく膝が裂けていたジーンズは、ギアレバーに引っかかってスリット入りスカートに変わっていた。派手なボクサーショーツの色も丸見え。イカれ具合は隠しようがなかった。

僕は心の中で、僕の新しいマントラ〝安らぎへの願い〟を繰り返し唱えた。

「大いなる力よ、私に安らぎを与えてください。私に変えられないことを受けとめ、変えられることを変えるための勇気を、その違いをわきまえる知恵を与えてください」

僕は頭の中でアクセルを踏み込み、ハンドルを握りしめている自分に気づいた。運転席以外に座るのは慣れていない。だが集会に出て教えられたのは、依存症者にハンドルを握らせれば、壁に突っ込むか崖から落ちるだけということだ。でなければ、車をバラバラに破壊するか。

ようやくクライアントの家に着いたとき、僕は完全にびびっていた。

これまではＨＳＢＶの人間として家庭を訪問し、猫の相手をした。たとえ僕のアドバイスで猫の状態が悪くなり、猫が施設に返される結果になったとしても、そもそも僕には無理だったんだとあきらめがつく。施設で僕が面倒を見て、新しい家が見つかるようにしつけていけばいい。だが僕はもうＨＳＢＶのスタッフではないから、自分の〝コネ〟には頼れない。間違ったアドバイスをしたら、猫は施設に戻され、もしかしたら死ぬことになるかもしれない。

それだけではない。以前ならアドバイスの効果がなくても、自尊心が傷つけられることもなく、まだ勉強中だからと責任逃れをして、翌日はまた仕事に出かけることができた。だが今は、コンサルタントとしてひとつでも失敗をすれば口コミでそれが伝わり、はじめたばかりの事業には致命的だ。家賃も払えなくなる。ベニーやヴェローリアを食べさせることもできなくなる。自分だって食えなくなってしまう。

そんなふうに次から次へと不安が不安をよび、僕は完全にびびっていた。

ジーンズは破れてぼろぼろになっていたうえ、いつの間にか黒い油の染みが服に筋を作っていた（実は顔にもついていたのだが、それに気づいたのは家に帰ってからだ）。

僕は深く息を吸い込んだ。そんな状態でいくら力を振りしぼろうとしたところで意味がない。そこで僕は改めて安らぎへの祈りを唱えた。今度はおまけをつけることにした。このやり方は今も続けていて、毎回バリエーションを変えている。

「大いなる力よ、安らぎと無私無欲による明晰さを与えたまえ。スモーキーと、ドナと、ドナの家族が平和になるために」

もう一度深呼吸をしてからベルを鳴らした。

「うちの子、スモーキーというんですけど」

一緒に腰をおろすなり、ドナが切り出した。

「最近は〝トラブル〟って呼んでます」

「分かります。だからこうして伺ったんです」と言って深く息を吸う。

「ではまず順番として、相談者さんからこれまでの状況を話していただくのですが」

嘘っぱちだった。〝メールでもう説明しましたよね〟と指摘されないことを祈った。プリントアウトしたが、あのおんぼろブロンコの残骸の中だ。

「ひどく乱暴になって、もう手に負えないんです。前はこんなじゃなかったの。最近は誰にでも飛びかかっていくんです。体もすごく大きいから、ほんとに怖いわ」

「大きいというと、どのくらい？」

「八キロちょっと」

〝やっぱり〟と内心うなった。変なところに排泄するというだけで、僕が呼ばれるわけがない。だが、よりによってこんな日に？　これはきつそうだ。うまくいくだろうか。

ドナの話では、スモーキーはベニーとかなり似ているようだ。この日初めて、怪しげとはいえ情報らしきものが聞けた。何らかの変化を前にすると、スモーキーは予想のつかない行動に出る。最初の変化はこの家に引っ越してきたこと。それから家族が増えていったこと。今、子ども部屋には生後六カ月の双子がいて、ほかに六歳と三歳の子どもがいる。

何かが変わるたび、スモーキーは引き取られたときの天使のような子猫から、〝悪魔の子〟へと変貌していく。少なくとも親戚や友人や近所の人たちにとっては、そう呼ばれるほど恐ろしい存在らしい。だがいちばんの問題はここからだ。以前のスモーキーは、ドナや夫や子どもたちに爪を立てることはなかった。怒って手を出すのは、家族以外の人にかぎられていた。

いつも階段の上にいると聞いて、僕は縄張りの見回りに入った。なるほど、『風と共に去りぬ』に出てくるようなゴージャスな階段途中の踊り場に、美しいがたしかに脅威を感じさせる猫がいた。灰色の毛並みをもち緑色の目をしたスモーキーは、視線をしっかりと僕に向け、ぴくりとも動かない。

スモーキーから放たれる鋭いエネルギーで背筋に寒気が走った。逃げるか戦うかという人間の本能のスイッチが入ったらしい。しかし猫の縄張りに入るときは、おだやかで毅然とした態度が必要だ。こちらがびくびくしていれば、それが黒板を爪で引っかくような刺激として猫に伝わる。

僕は階段をのぼりながら、スモーキーに向かって優しく呼びかけた。

「やあ、スモーキー」

数年間かけて身につけた声音だ。この声で猫のハートをつかむことができる。猫によってどの声音を使えば相手の心に届くか、受け入れてもらえるかを見極めることも僕の大事な任務である。この技がとりわけ役に立つのは、手で触れるのがむずかしい野良の猫に対してだ。

スモーキーはじっとこちらを見ているだけだった。僕は少し息を止めた。アプローチの方法を変えよう。まっすぐ近づいたのが間違いかもしれない。逃げ道を与えない、攻撃的な動きととられたかもしれない。そこで手すり側にずれてから、もう一度声をかけた。

「やあ、スモーキー」

その瞬間、なんとスモーキーは踊り場から宙へと身を躍らせた。高さは四メートルはあったと思う。そこからまっすぐ僕の頭に落ちてきたのだ。ドナの言うとおりだった。八キロの筋肉の塊がぶつかってきた瞬間、顔面をこぶしで殴られた感じがした。しかも、そのこぶしには鋭い爪がついている。さらには歯まで。

それなのに僕は意外なほど落ち着いていた。衝撃に圧倒され、それまでの瑣末でくだらない不安が吹き飛んでしまったからだ。スローモーションで修羅場が展開し、どこか遠くでドナの甲高い叫び声がぼんやりと聞こえた。たとえ至近距離から銃で撃たれることがあっても、僕はしっかりその場に踏みとどまり（意識も失わず）、自分で止血するだろう。そんなことを思いながら、ゆっくり階段のほうへ向き直り、皮膚に食い込んだスモーキーの爪を丁寧にはがしにかかった。

その間にスモーキーは吸血鬼モードに切り替わりつつあった。爪もつらいが、今度は首に刺さった歯を引き抜かなくてはならない。スモーキーの襟首をつかんでしゃがみ込み、タンゴのダンサーがパートナーをひっくり返すみたいに彼を床に沈める。相手を不安定な体勢に持ち込みたかった。スモーキーは一瞬パニックに陥り、それからわれに返ると、まっすぐ階段の踊り場に逃げ帰った。

嵐が去り、僕は大理石の床に血を垂らしつつ膝をついた。プレッシャーが和らいできた。よほどのことがないかぎり人生最悪の日々に、これ以上の惨事は起こらないだろう。スモーキーのことも分かってきた。さっきまで感じていた凶暴猫への恐怖と仕事の不安を抱えたままでは、彼の心をつかむなどとうてい無理だったのだ。それを感じ取った彼は、誰がボスであるかを行動で示したのだ。

「ねえ分かったでしょう？　いつもこうなるの」とドナが言いながら、濡れたタオルを持ってきてくれた。

「この家で安全でいられる人なんていないのよ！」。スモーキーが僕に与えたダメージを目の当たりにして、彼女は過呼吸を起こしかけていた。

「僕は大丈夫ですから、ちゃんと息をしてください」と言ったものの、血だらけの僕から言われてもあまり説得力はない。飼い主が恐れていた事態が現実となったことで、この部屋の不穏な空気は僕にとって慣れ親しんだものに変化していた。僕はどうすべきかもう分かっていた。

さあ、ここから希望を見つけよう。そうしなければスモーキーは、彼に似た猫たちと同じように不幸な運命をたどることになる。血が出ていようがまったく気にならなかった。自分の人生がこの仕事の結果にかかっているなどという考えは、すっかり消え去っていた。

今、僕はスモーキーという問題ある猫を相手にしている。そして彼をどう扱うべきか、僕は知っている。同時に今、僕はストレスで疲れきっているドナを相手にしている。そのストレスがどうすれば消えるか、それも僕は知っている。自分の解決能力にこれっぽっちの疑いももっていない。僕たちはこの地球という空間を共有し、お互いに関わりあいながら生きている。分かり合えないわけがない。今の僕はひどい姿に違いないが、しっかり舵を握っている。

「さて」

できるかぎり身ぎれいにしてバスルームを出てきて言った。

「スモーキーが二階の何かを守っていることは明らかですね」

僕はにっこりした。あたかも〝こんなことはしょっちゅう経験している（実際にはしてない）、簡単だ（実際には簡単とは程遠い）〟とドナに誇示するかのように……。そして言った。

「二階を見に行きましょう」

二人で階段を上がっていった。今度はどういうアプローチをとるかなど、あまり考えないようにした。スモーキーを完全に無視する。ただ彼の横を通り過ぎるときに、くつろいだ会話を聞かせたい。それからもちろんドナを先に歩かせる。縄張りを侵されることでスモーキーが感じるストレスを少しでも和らげるためだ。

彼女と話しているうちに、これほどひどい悪さをするようになったのは、双子が生まれてからだと分かった。双子の部屋は階段のすぐ右側だった。そこを見た瞬間、合点がいった。

猫は縄張りの動物だ。縄張りに子どもが増え、スモーキーは子どもがいる場所は重要で、そこを守ることこそ縄張りを守ることだと考える。彼は〝保護者〟の役割を果たそうとしていたのだ。そして、たしかに成果をあげた。縄張りの中でもっとも大切な場所に、他人は近づかなくなったのだから。しかしスモーキーにはそれが重荷だった。ストレスで疲れ果て、その結果自分を抑えられなくなってしまったのだろう。

まずはスモーキーに、実はすべての部屋が重要なのだと教えるところからはじめた。本能に逆らうように思えるかもしれないが、どの場所も重要になったら城を守りきることは不可能になるだろうと僕は考えた。もしそうであればスモーキーは〝もう自分にはムリだ〟と降参し、城を明け渡してくれるかもしれない。

双子の毛布を一枚持ち出し、家じゅうにその毛布をすりつける。僕がロッキングチェアを持ち、ドナが双子たちを抱いて階下におりた。リビングルームの真ん中で、いつも子ども部屋でやるように赤ん坊をあやして話しかける。今まではスモーキーも二階で食事をしていたが、彼の食べるものもおもちゃもすべて下に運び、リビングルームに広げた。そしてようやくスモーキーも納得する。

「ああ、なるほど、僕の食事と僕の水がある。おや、赤ん坊の匂いだ。僕の匂いがついたトイレもある。すごい、あれも僕のだ。全部僕のものじゃないか。なあんだ、守る場所なんてないんだね」

移動がすべて終わったときには、スモーキーは僕たちの目の前ですっかりリラックスしてい

猫探偵になろう

猫の行動を直すために、多くの猫たちから学んだとっておきの技術を紹介しよう。

①距離を置こう！
飼い主として〝もう限界〟と感じたら、一歩後ろに引いてみよう。これが最初のステップだ。目の前の問題に振りまわされていても、何も解決しない。少し距離を置いて、真の観察者になろう。たとえそのせいで家や自分の体や睡眠が犠牲になったとしても。猫が飼い主に意図的に悪さをしているのではないことを忘れないでほしい。

②日記をつけよう！
猫は思いつきで動くことはない。習慣の動物だ。あなたの行動と猫の行動を記録してみよう。猫はいつトイレを使う？　どんなときにかんしゃくを起こす？　あなたは何時に起きて、何時に帰宅する？　そのとき、家の中の空気にどんな変化が起きるだろう？　細かくメモをとることはとても重要だ。しつけの行動計画を立てる場合は、とりわけそれが欠かせない。

た。彼はまるで別の猫になっていた。

家に帰ると、鏡で自分を見た。本来の自分を取り戻しつつあるのが分かった。自分もやはり大切な〝何か〟をもっているんだと、今の僕はちゃんと思い出せる。

ベッドで寝ることができて、ドアには鍵をかけられる。窓からは美しいフラットアイアンの山々が眺められる。ズキズキする傷のお土産つきではあるが、素晴らしい経験をして、それに感謝することもできる。感謝というのも、それまでに味わったことのない感覚だった。この二日間でこんな経験ができたことを、それを自分の身体で感じとれたことを、僕は心から感謝していた。つらかったけれど、それを苦しみにすり替えずに乗り越えられた。

スモーキーが僕にくれたのは傷だけではない。数年間消えなかったその傷と一緒に、負のエネルギーが渦巻く向こうにあるもの、誤解されがちな現象の裏側にあるものを教えてくれた。ドナのような飼い主にどう接するべきかも示してくれた。

僕は絶対に忘れない。いや忘れられない。誰でも猫の気持ちを理解することはできる。でもそれだけでは何の意味もない。飼い主である人間に寄り添わなければ、そして彼らに猫を理解してもらわなければ、猫たちは施設行きになるか、そのままお互いに不本意な生活をつづけることになる。

終わってみれば、いい一日だった。不思議なものだ。

肩書きへの憧れ

ドラッグをやめると宣言してから、ベスは僕に話しかけてこなくなった。僕が断ちたがっていたドラッグを強く求めていた彼女は、僕に対して激怒していた。遊び仲間にドラッグを断つ姿を見せるのは、彼らを見捨て、彼らに対して無言の非難を投げかけるようなものだ。当然これは立派なけんかの原因になる。

ずっと昔、最初の遊び仲間がドラッグをやめると言い出したとき、僕だって人前で彼を「キリストマニア」「腰抜け」となじったことがある。彼の心変わりにあせりを感じたせいだ。そして追いつめられた野良猫のように、僕は仲間たちと一緒に猛然と反撃した。このときのベスは、その当時の僕たちと同じだった。

ゴミだめみたいな環境でゴミに囲まれている生活は、ドラッグと縁を切るのに理想的とは言えない。いろいろと落ち着くまでは、ベスとのつきあい方も見直すしかなかった。きわめてわがままな理由で（揉め事を避けたい一心だった）僕は部屋に閉じこもり、アパートの大部分をベスに譲った。しかし一カ月もすると僕は（そして猫たちも）そんな生活に耐えられなくなり、不動産業者に電話をかけた。

アパートを見に行った僕は、そこは広すぎると思った。オフィスにできる部屋に広いベッドルーム、広いリビングルーム、おまけにダイニングルームまであった。これでは居心地が悪くてかなわない。

「山の景色が見えて、家賃も手頃ね。いいじゃない」とジェンが業者に言い、僕はのろのろとうなずいた。

こうして引っ越し先は決まったものの家具がなかった。僕はいわゆるシンプルライフを自慢にしてきたし、さすらいの民であるロマ族の血を引いているせいか、生活は車一台あれば事足りた。使い物にならない布団は前の家に置いてきてしまったし、ソファはもともとベスのもので、テレビだって持ってない。ただそんな状態でも、ドラッグをやめたことで、金はかつてないほど持っていた。そこで僕たちは派手に買い物をした。

以前は買おうとも思わなかったものをあれこれ買い込み、もちろん猫たちに必要なものもすべてそろえた。最大の贅沢は、新品のキングサイズのベッドだ。そのくせ、見ていると頭痛がするほど真っ白な壁に半年間も絵の一枚もかけられなかった。

たぶん責任をもつことにならないかとびくびくしながら暮らしていたんだと思う。僕は新しいアパートに腰を落ち着けたものの、ここがわが家だと宣言する気になれなかった。

居心地は悪かったが、僕はゆっくり着実に引っ越し先に順応していった。かたやベニーは順応する気配すら見られない。昨日と今日で世界がまるで違ってしまったので、どうしていいか分からなくなってしまったのだ。

猫を飼った経験のある人なら分かると思うが、猫は安定を好む。いったん自分に合った環境ができてしまうと、それが変わることを嫌う生き物だ。猫が一般的に習慣の動物と言われているとしても、ベニーはその中でも格別だった。

引っ越したあと、彼はすぐに不快感を表し、アパートの三カ所を引っかいてそこにおしっこをしはじめた。マーキングと呼ばれる行動だが、僕は〝対処の仕方なら分かっている〟と自分に言い聞かせた。こんなとき、パニックを起こしてはだめだ。パニックになれば間違いなく問題が大きくなる。

そこで僕はあわてることなくトイレを三個用意して、ベニーが排泄した場所に置いた。複数の場所に猫がおしっこをするようになってしまったら、複数のトイレをその場所に置いてやればいい。猫は正しい場所に排泄していることになる。そして用を足しつつ匂いを確かめて自分の縄張りだと自覚し、安心するというわけだ。その後は飼い主が置きたい場所にトイレを少しずつ近づけていき、最終的にひとつにまとめればいい。

僕はまず、ベニーが排泄した三つの場所すべてにトイレを置いてやった。飼い主の希望を押しつけるのではなく、新たな環境の縄張り確保のためにマーキングを必要とするベニーの事情に譲歩したのだ。彼のトイレは僕の居場所を侵略していたし、明らかに歩く妨げになった。飼い主が不便を我慢して、ここまで猫に譲歩する必要があるのかと、泣き言を言いたくなったのも事実だ。でも最終的に決意した。

「いいさ。トイレは三つ置いてやろう。ただし一週間だけだ。一日だって延ばすもんか」

この作戦はうまくいき、ベニーはその日のうちに、またトイレを使うようになった。が、ベニーが一筋縄でいかないことを思い知らされる。数日後、三つのトイレのうち二つを残るひとつのほうへ、人間にとって都合のいい場所に向かって六十センチほど近づけた。するとベニーは再び、ところかまわずおしっこをしはじめたのだ。

「おや？　いったいどうしてこうなったんだろう？」

僕は頭の中の猫語辞典を何度もめくりながら考えたものの、答えは見つからなかった。そしてようやく行き着いた結論は、トイレを一度に動かしすぎたということだった。トイレが昨日あった場所から九十センチも離れていたために、ベニーはうろたえて怒り狂ったに違いない。

ほかの猫たちにとっては、九十センチは大した距離ではないのかもしれないが、ベニーにとっては受け入れがたい距離だったのだろう。つまり、一度に動かしても彼が動揺しない〝限界点〟を見きわめる必要があったのだ。

猫のオシッコ問題を解決する３ステップ

●適切な場所にトイレを設置していけば、トイレ以外で排泄する問題を解決できると言ったら、あなたは驚くだろうか？
人間にとって大切な場所（ベッドルームやダイニングルームなど）だって例外ではない。猫たちがそこで排泄するのは必要に迫られてのことなのだ。だから当分の間そこにトイレを置くことになったとしても、泣き言を言わないこと！　床に直接されるのとトイレを設置するのと、どちらがましかを考えてみればいい。答えは明らかなはずだ。

●猫が排泄する場所にはすべてトイレを置いてやること。そうすれば、マーキングという行為を認めつつ、きちんとトイレを使うチャンスも与えることになる。

●猫が常にトイレで用を足すようになったら、あなたにとって都合のいい場所に向かってトイレを近づけていく。ただし動かすのは１日につき約 40 センチから 60 センチ程度にすること。

●全部のトイレが１カ所に集まったら、今度はひとつずつ数を減らしていく。３つが２つになり、２つがひとつになったら、めでたく問題解決だ。

飼い主には猫たちの習慣に刺激を加えて成長させる義務がある。限界点の向こうにだって快適な場所があるのだ。縄張りの中で暮らすことは安全で快適だと分からせてやることは重要だ。しかしそのうえで、限界点の向こう側にもある快適な世界を教えてあげれば、猫たちの行動はより柔軟になり、彼らにとって、そして私たちの生活全般に役立つことになるのだ。

それ以来、限界点という考え方は、猫を相手にするうえでの重要な道具のひとつになった。猫が居心地よさを感じる限界を探るのだ。

子どもが初めてのプールで水につま先をそっと入れるのと、勢いよく飛び込むのではどちらがいいかを想像してみてほしい。自転車の補助輪を外したり、安心毛布やおしゃぶりを取り上げたりするところでもいい。

行動に変化をもたらそうとするとき、快適さを取り上げいきなり氷風呂に入れるようなことをしたら、まったくの逆効果だ。猫は、ベニーがしたように再び快適な環境を手に入れようと猛然と歯向かい、氷から逃れようと暴れるだろう。

だから飼い主は、限界点までやってきて一歩だけでも越えてくれと毎日猫に頼み込まねばならない。うまくいけば限界点はある日突然消滅し、少し離れた位置に新たな限界点が誕生する。そうなったらまた最初からやり直し、限界点を少しでも越えればその向こうには大きなご褒美が待っていると、猫に優しく言い聞かせていく。

今回の場合、トイレを一日十五センチくらいずつ動かすのであれば、ベニーも順応できると分

問題行動をなくすには――猫の限界点

どんなに環境への順応力が高い猫を飼っていたとしても、さまざまな面で限界点があるはず。ではなぜそれを探すのか。理由は2つ。

①**限界点を知ることは自信につながる。**臆病な猫の場合、もっとも重要なのは所有権をめぐる限界点だ。猫たちの視点で見れば、どこまでが自分の所有権かという問題である。おもちゃを殺した気になれば、その殺した相手を所有したという自信が生まれ、殺した場所を所有しているという自信になる。ベッドの下に隠れてばかりの猫でも、そうして自信をつけることで自分の居場所を広げ、人やほかの動物たちでいっぱいのリビングルームに出ていけるようになる。

②**限界点を広げる力があれば、ストレスを軽減できる。**思いがけずいつもの生活が変わってしまったら――例えば飼い主の身に万が一のことがあったとき、いつも決まったメーカーのキャットフードを決まったやり方で食べていたとしたら、それが変わるだけでストレスになるだろうし、保護施設などに入れられたら、もう何も食べなくなってしまうかもしれない。

飼い主には、猫たちの習慣に刺激を加えて成長させる義務がある。限界点の向こう側にだって快適な場所はあるのだ。限界点の内側の世界とそこにいる生き物が、安全で、いつも変わらず、しかも友好的だと教えてやることはたしかに重要だ。そのうえで、さらに限界点の向こう側にもこちら側と同じ喜びがあることを教えてやれば、猫たちの行動はより柔軟なものとなり、彼らの（ひいては私たち飼い主の）生活全般に役立つことになるはずだ。

かった。十五センチならば快適の範囲内、三十センチとなると挑戦のハードルが高すぎるということだ。

そんなわけで限界点の概念を発見してから三週間、僕のアパートは猫用のトイレだらけというありさまになった。僕はベニーが寝た隙にトイレを少しずつ動かしていき、ついに僕自身も納得できる場所にトイレをまとめることに成功したのだ。

僕がトイレ問題に取り組んでいたころ、ベニーはいよいよヴェローリアに対して優位に立とうとしていた。猫は縄張りという決まりのなかで繁栄してきた動物であるうえ、体に不具合があるベニーは過剰なほど自分の縄張りを主張するのだ。引っ越しによって、ほかの猫と共有するスペースが増えたせいもあるだろう。

ベニーはヴェローリアに座る場所やその時間、やり方までも命令しているように見えた。自分が優位に立てる絶好の機会を逃すまいと思っているかのようだ。一方のヴェローリアは服従を通り越しておびえ、ひたすら逃げまわる。

逃げまわる猫は、自ら相手のおもちゃになっているようなもので、さらにベニーに追いかけられる。そのサイクルは状況を悪化させるだけだ。本人にとってもベニーにとっても何もいいことはない。見ている僕さえも気分がよくない。

夜になるとヴェローリアは僕と一緒に眠るのだが、夜中にベニーがやってきて彼女を踏みつける。するとヴェローリアが悲鳴をあげ、いつもの大騒ぎがはじまる。ベニーは彼女がベッドにいるのが許せないのだ。

僕はついに宣言した。

「いいか、おまえたち。これから先、ずっと一緒に暮らしていくんだぞ。毎日ケンカばかりでは、どちらかを手放すしかないじゃないか。そんなことはしたくない。だからもう少しうまくやってくれ」

二匹は疑わしげな顔で僕を見た。正直なところ、僕は猫同士の争いに関わりたくなかった。たとえば縄張りを共有させようと思うなら、ドアを閉じて空間を仕切ることになる。しかしそれでは根本的な問題解決にはならない。

ちょうど今うちにはルームメイトもほかの猫たちもいない。犬を連れてくる友人もいない。つまり僕にとってはこの広いスペースで行動実験ができるまたとないチャンスなのだ。この開放された空間で、どうやってヴェローリアの安全を確保しつつ、ベニーの縄張り意識を満足させてやるか。

二匹を観察した結果、猫には高いところが好きな猫（高所派）と低いところが好きな猫（低所派）がいることが分かった。

僕が見たところ、ヴェローリアは高いところにいたほうがくつろげるようだった。危険を感じていないときでも、ドアの枠の上まで飛びあがり、また次に飛びつく場所がないかを探す。まるで木のツタを探しているターザンだ。

対するベニーは、足を四本とも地に着けているほうが安心するようである。猫が地面を好むのにはいろいろ理由があるが、ベニーの場合は骨盤の古傷のせいだろうと思う。

二匹を見ていると、ネコ科の大型動物の狩猟行動を思い出した。ライオンなどのネコ科大型動物は茂みに身をひそめ、草のなかを音も立てずに歩き、平原で仕留めた獲物をそこで食べる。このように自信をもって地表で行動する種は低所派にあたる。

一方でヒョウを代表とする一部の種は、同じく地表で獲物を仕留めるが、ハイエナなどに邪魔をされないよう木の上まで引きずっていく。食事や睡眠、広大な縄張りの監視も木の上で行う。こうした種は高所派といえるだろう。

ライオンやヒョウの行動を家猫に当てはめるのはいささか強引かもしれないが、僕が二匹の行動を見て思い至った解釈である。つまり僕は猫たちの行動を分析することで、解決に至るツールを手に入れたのだ。

この方法のよい点は、猫たちの個性を侵害しないことである。我が家ではヴェローリアが高所派でベニーが低所派だと分かった。おかげで双方が満足する環境をつくり縄張りを倍増してやることができた。

縄張り争いを解消する——縄張りの共有

猫たちが最初の出会いでつまずき、大げんかをして信頼関係を築き損ねたとき、僕は猫たちをスタート地点に戻して、さも初対面かのように紹介し直す。この初期段階で重要なことのひとつが、縄張りの共有だ。

会ったばかりの段階では、猫同士が正面で目を合わせるような機会を与えてはいけない。その代わり縄張りとなるスペースに、平等に、時間をずらして入れる。一匹を居間で自由にさせ、もう一匹を〝ベースキャンプ〟（たいていの場合は飼い主のベッドルーム）に入れておくといった具合に。このやり方なら、二匹がそれぞれに自分がすべてを所有していると実感でき、自信を深められる。そのあとで穏やかに紹介されれば、同じ匂いを共有している者同士なので、改めて所有権を奪いあって争うこともなくなる。

必要なものはホームセンターで売っている組立式のキャットタワーだ。すると、これまでは衝突必至だった一本道だけのスペースが、たちまち高架道が重なり合う猫専用の高速道路に変身した。

ベニーとヴェローリアは自分たちが望みさえすれば、互いの邪魔をすることなく、同時にそれぞれの場所を専有することができるようになったのだ。これは猫が何匹いても使える手段だろう。

僕はヴェローリアの安全を確保しつつ、双方に自分の空間を与えることに成功した。二匹を強引に引き離す必要もなくなった。それからしばらくすると、ベニーは気まぐれではあったが、ヴェローリアを受け入れるようになったのである。

HSBVを辞めようか悩んでいたころ、コンサルティング業をはじめる決断ができなかったのにはいくつか理由があった。なかでも、何の肩書きもないのに独立してやっていけるのか、という不安がもっとも大きかった。

名乗るときにジャクソン・ギャラクシーという名前以外には何もなかった。そのあとにVMDやDVM（どちらも獣医学博士）、AVSAB（アメリカ獣医行動学会）、CAAB（公認動物行動学者）、IAABC（国際動物行動コンサルタント協会）、あるいはCABC（ペットの問題行動カウンセラー）といった略語で呼べるような肩書きが、僕には何ひとつなかったのだ。

やりたい仕事は決まっていたものの、それについて教えてくれる学校に行っていたわけでもな

あなたの猫は高所派、それとも低所派？

自分の猫が高いところを好むのか低いところが好きなのかを知ることが重要だ。

たとえば高いところが好きで、高い場所で自信を得ている猫がいる。僕が知っているなかでも、追い立てられて冷蔵庫などの上にのぼってしまい、恐怖のあまり降りられなくなった猫が何匹もいる。そうなるともう、排泄も食事もそこでするという状態になってしまう。まったく同じことが低所派にも当てはまる。彼らはクローゼットやベッドの下のような床に安全な聖域を求める。

●飼い猫を客観的な目で観察しよう。あなたの猫は自信をもっているかいないか。高所派なのか、あるいは低所派なのか。

●猫が自信をもっていれば、飼い主の空間をつくろう。

●猫が自信がなく不安そうなら限界点を広げる方法で、もっと広い世界を教えてあげよう。

いし、そんな状態で世の中に出ていくのが怖くて仕方なかったのだ。そしてちゃんと対応できなかったらどうしよう、間違いを犯してしまったらどうしよう、解決できずに〝役立たず〟とレッテルを貼られてしまったらどうしよう……と不安と恐怖でいっぱいだった。

さらに事態を悪くしていたのは、いくつかの問題に関して立派な肩書きをもつ人々と絶対に折り合えない見解の相違があったことだ。そして僕は頑固に自分の意見を主張したことだ。

覚えているかぎりでは、アメリカでは頻繁に行われている〝爪抜きの手術〟（爪が生えてこないよう指先まで切断する手術）に対し、断固反対の立場をとっている件がある。僕はそれに対し嫌悪感を抱かずにはいられなかった。どんな論文を読もうと、有名な獣医や動物行動学者たちの意見を聞こうと、僕の常識では受け入れがたいものだったのだ。

術後の猫は心身ともに破壊されているとしか思えなかった。この手術を受けた猫は歩き方を見れば分かる。どう見てもおかしい。僕の記録ノートにも、爪抜きをされた猫がトイレを嫌がったり悪さをする事例がどんどん増えていった。

もっと悪いことに、獣医が爪抜きよりも人道的な方法だと飼い主を言いくるめ、腱の切断手術をされた猫たちまでいた。僕の怒りはさらに沸騰した。僕がそれについて意見を求めた専門家たちは、トイレを嫌がる理由を裏づける研究結果など存在せず、あなたは猫を擬人化しようとしているだけだと言った。動物の行動に関する〝科学〟を探求したいと望んでいるなら、あなたは大変な思い違いをしていると半ば怒り、半ば恩着せがましく忠告された。

猫の高速道路をつくろう

ソファの下から本棚のてっぺんまで、室内のありとあらゆる場所を利用しよう。想像力を総動員して、高所派または低所派の飼い猫が暮らしやすい環境を整えてやろう。

●とくに猫を多頭飼いしている場合、高所派と低所派双方の好みを満たしてやれば、猫たちはそれぞれの世界で、マイペースで生活できる。

●ドアと壁をめぐって床の空間を争わずにすむと分かれば、猫たちも不必要な往来をしなくなる。猫の個性に合わせた通り道をいくつも用意してやることで、鉢合わせ自体が減り、敵意むきだしのうなり声を聞く回数も激減する！

●覚えておいてほしいのは、トイレを含め、猫のための空間をつくる際には出入口を複数用意しておくことだ。猫の高速道も例外ではなく、出入口がたくさんあれば、それだけ待ち伏せに遭うことも減り、共存できるようになるのだ。

現在では爪抜きは二十七カ国で違法とされ、その中の一部の国とアメリカの多くの自治体では実刑を科されることもある。喜ぶべきことだ。しかしいまだに、爪抜きの手術を問題ないと考えている獣医や飼い主が多く存在していることに、胸が痛む。

自分の職業について思い悩んでいた時期から十五年たった今、僕は自分自身を新しい世代の異色の動物専門家だと自負するようになった。同業者と同じ質と量の情報から新鮮な視点で築いた説を提供するのが、僕の役割だと思っている。

悩んでいた当時は、自分がペテン師にしか思えなかった。すぐにばれると知りつつ、他人の考えを丸ごと盗んで好き勝手に使っている気分だった。しかも僕の場合はそこに正真正銘、本物の依存症者の不安と興奮が入りまじっていた。

評判の高い女性動物行動学者がデンバーで開いたセミナーに参加したあと、僕は孤島で仲間を見つけた心境になって彼女に話しかけようとした。どうしたら行動学者として身を立てていけるのかとか、そんなアドバイスが欲しかったわけではなく、ただ猫の話がしたかっただけだ。

以前、薬物依存症患者のミーティングで初めてほかのミュージシャンに会ったときの心境に似ていた。そのとき、僕とそのミュージシャンは、ビートルズの「サージェント・ペパーズ・ロンリーハーツ・クラブ・バンド」とビーチボーイズの「ペットサウンズ」（どちらもロックアルバムの名盤とされている）のどちらがいいかについて三時間も語りあった。それは異国の地で偶然

爪抜きは絶対にしないこと！

爪抜きとは爪を永久に取り除くことではない。ほとんどの人がこう解釈しているがまったく間違いだ。両手の指先をすべて第一関節のすぐ下で切られるのである。もし自分だったら、と考えてみてほしい。どんなに困難な生活を強いられることか。爪抜きをされた猫は、肉体的にも行動的にも精神的にもずっと問題を抱えたまま生きていくことになる。

もしあなたの猫が家具に爪を立て困っているなら、次のことを試してみてほしい。

●爪とぎなど何か引っかくことができるものを与える。
●古いカーペットではなく、麻の敷物か切り開いた段ボール箱を敷いてみる。
●猫専用の爪カバーをつけて爪を丸ごと覆ってしまえば、何も傷つけられずにすむ。

意気投合できる人物に出会ったような心躍る経験だった。

　僕は目をキラキラさせて、その女性学者に話しかけた。

「僕もこの分野でやっていこうと思っているんですが、ちょっとお話をうかがいたいんです」

　話をつづけたが、しばらくすると、どうやら話しているのは僕だけだということに気がついた。次第に〝くそったれ、彼女は何にも言わないし、僕は頭の切れるところを見せたい。黙っていると汗が出てくるばかりだから、とりあえず話していないとまずい〟という一方的で不毛な会話になっている。

　そのうち相手の表情も「喜んで著書にサインしますよ」という顔から、〝この男はいったい何が言いたいのかしら〟という不快な表情に変わっていった。

「そんなわけで、とにかくどうしても……」

　ついに僕は話に詰まってしまった。壁に向かっていつまでも話しつづけられるものでもない。

「自分で優秀だと思い込めば、うまくやっていけるという仕事ではありませんよ」

　凍りつくような冷たい口調で言ったあと、彼女は僕に背を向けてほかの参加者と話し出した。彼女が実際のところ僕におびえていたのかどうかは分からない。ほかの参加者とは明らかに異なる僕の風体を見て、気軽に心を開いてはいけないと思ったのかもしれない。

　その週の後半に、誰かが彼女のウェブサイトのセミナーに関する投稿リンクを送ってくれた。するとそこには、「**誰でも**動物行動の専門家を名乗れます。**ご用心**」と書いてあった。

僕はどうやら、彼女の心に不安と疑念を植えつけてしまったらしい。その日を境に、僕は動物行動学者の逆鱗にふれるような言葉は使わないように注意した。彼女を怒らせたくなかったし、その結果ペテン師だと暴かれたくもなかったからだ。そこで「猫の行動コンサルタント」と名乗ることにした。

その後、僕の自称はいろいろと変わっていくが、初めのうちは〝キャットボーイ〟〝キャットガイ〟〝猫の通訳者〟など、あの学者が言うような〝僕にはこの仕事をする資格がない〟という戸惑いと向き合わずにすむような、気楽な呼び名を使った。

猫に充分共感できるでもなく、知識も中途半端で、根本的なところまで猫たちを理解する水準に達してもいない。僕は相談者の家を訪れるときはタトゥーを隠し、ピアスを外すようになった。相談者には僕の外見より自分の猫に集中してほしいと思っていたからだが、実のところ〝この仕事をしていくうえで基本的なことも分かっていないことがばれませんように〟というのが本音だった。

幼いころ僕はよく父の仕事先についていき、父がたどたどしい英語で次々と取引を成功させていくのを感嘆の思いで見ていたものだった。

七〇年代初頭には一般的なデザインだった父の部屋の黒い板張りの壁には、コニーアイランドからアトランティックシティ（前者はニューヨーク州の、後者はニュージャージー州の海辺のリゾート）にかけての海岸にならどこにでも落ちているような流木がかけられていた。その流木には浮浪者らしき人間の生気のない顔が彫り込まれていて、その横には〝販売はひげ剃りと同じこと――毎日やらなければ、浮浪者になるしかない！〟という一文が刻まれていた。

父はいつも、僕が幸せなら自分も幸せだと言ってくれていた。ところが独立したばかりのころ、ずっと浸かっていたドラッグと薬のぬるま湯から出た僕は、何をするにもパパの判断にすがる子どもに戻ってしまった。自分があの流木に彫られた浮浪者になった気がしてならなかった。大陸の反対側に住んでいた父は、（僕の想像だが）僕がまともな生活をしているとは思っていないようだった。

問題は（見方によっては祝福すべきなのは）、僕がそれまでの人生をかけてつくりあげたイメージは、隠せるものでも消せるものでもない、ということだった。ハイスクールの二年目が終わって夏休みになり、実際に父のもとで働くことになったとき、その葛藤はもはや隠しきれないほど明確なものになっていた。

僕は根っから人を喜ばせたがる性質で、父にも僕と一緒にいて幸せになってもらいたいと思っていたが、それでも変わり者の旗を掲げずにはいられなかった。その夏には初めて真剣につきあったガールフレンドに、氷と安全ピンを使って耳に穴を開けてもらいピアスもつけた。

「自分の身体になんてことをしたんだ？」

ピアスをした僕を見るなり、父はあわてて詰問してきた。

「どんなふうに見える？」

「知ったことか。とにかく仕事中にそんなものをつけるのは許さんぞ」

そこで朝にピアスを外して昼休みにつけ、午後はまた外して、仕事が終わったらまたつけるということを繰り返していた。当然ながら耳は血だらけになった。父はちっぽけな金色のピアスは許せないくせに、僕の耳から血が流れ落ちているのを見るのは平気らしく、そんな父の気持ちが僕には理解できなかった。というより、あの当時は父の気持ちなどどうでもよかったのだ。何週間もしないうちに、僕は自分で作ったピアスを耳からぶらさげていた。

話を元に戻そう。とにかく自分に自信がもてなかったその時期、僕は父が身をもって会得した起業家的な見解を全面的に受け入れる一方、著名な動物行動学者の叱責を完全に真に受けてもいて、その中間で途方に暮れていた。

ところがそこへ、立派な肩書きをもつジーン・ホーヴが登場し、肩書きのない僕という人間を認めて、〝何も心配することはない〟と背中をたたいてくれたのだ。

ジーンと初めて会ったのは、ＨＳＢＶが新築の建物に移って二週間後、猫たちの間で呼吸器系上部（鼻孔、気管、気管支など）の感染症が爆発的に広まったときだ。猫たちは食べ物の匂いが嗅げないので、何も食べないという深刻な問題に直面していた。本当に何も食べないのだ。そこで僕たちはほとんどの猫にチューブを使って強引に給餌をした。

僕はボランティアのグループを指揮する立場にあったが、どれだけ頑張ったところで、彼らも僕も大した役には立てなかった。猫たちのそばにいて愛情で感染症を追い払えるわけでもない。そもそも、僕たちにできることなどなかったのだ。

そんなとき知人からドクター・ジーンの話を聞いた。ホリスティック医学を取り入れ、〝スピリットエッセンス〟というものを用いた治療を行っている獣医だ。

「彼女に何か処方してくれるよう、頼んでみるといいよ」と知人が言った。僕たちは窮地に追い込まれていたので――多くの猫たちが餓死寸前だった――僕は言われたとおりにした。

「ボランティアみんなに伝えて」

ジーンは電話で薬の指示をしたあとに言った。

「隔離エリアに入るたびに猫たちにエッセンスを塗るのよ。部屋は常に湿らせた状態にして、飲み水にもエッセンスを入れること」

彼女の言ったとおりにすると、猫たちの病気はたちまち治ってしまった。それこそ、あっという間に。まるで〝魔女の大釜で煮こんだ秘薬〟を使ったような気分だ。どうにか理屈をつけて正当化しないことには気が収まらない。

「治そうという意志をもって触れることがいい効果を生むのかな」

僕は電話でジーンに言った。

「まあ、その可能性はあるわ。それが波動医学（体が発する波動と外部の波動を共鳴させて診断や治療を行うとされる代替医学の一種）の特性だから」と彼女が答えた。

「でも面倒な説明は抜きにして、フラワーエッセンスがちゃんと効いたということよ」

それが僕たちの最初の接触だった。そしてこのあと、誰も彼もが僕にその女性と組んで仕事をするべきだと勧めてくるようになった。僕は半ばうんざりしながら、みなが言いかける彼女の名前を先まわりして口にした。

「きみと彼女は同じ視線で猫を見て、猫の欲求をつかんでいる」とHSBVのスタッフのひとりが言った。

その半年後にHSBVをリストラされて、ベニーとヴェローリアをどうやって食べさせていこうかと考えていたとき、僕はみんながジーンにも僕と会うべきだと勧めていたことを知った。僕が仕事を失ったのとほぼ同時に、彼女も年収七万五千ドルの獣医の仕事を辞めていた。それから三日後、地域の動物専門家たちが毎月開く交流会会場に入るなり、会の主催者で友人でもある動物コミュニケーターのケイト・ソリスティが僕を見て言った。

「ああ、やっと来たわ。ジャクソン、こちらはジーンよ。ジーン、この人がジャクソンなの」

「やあ、きみなのか！」「あら、あなたなの！」

僕とジーンは声をそろえた。

「どうやら私たち、大事な仕事があるみたいね？」とジーンが言った。

顔を合わせて十分後、僕たちは共同で事業を立ち上げることを決めていた。

統計によると、毎年六百万匹以上の猫たちが保護施設で命を落としている。「リトル・ビッグキャット」は、家で飼われている猫たちが、そんな統計の一部にならないようにと願うジーンと僕の心からの希望で生まれた会社だ。

二人とも過去に保護施設で働き、健康な猫を安楽死させることを強いられた経験がある。僕たちはそれとは別の道——命を守りつつ問題を解決する道——を提供するために「リトル・ビッグキャット」を立ち上げたのだ。

この会社ではじめた心身両面からのアプローチというコンセプトは、僕たちが最初に展開させたものだったと思う。猫の体と行動を同時にとらえてひとつの状態として考える。これがジーンと僕それぞれの強みをもっとも生かせるコンセプトであることは明らかだった。

猫と人間の関係を改善し、お互いの絆を深めることが僕たちの目標だ。飼い主が自分の猫をよく観察し、彼らの行動を決める本能と進化のプロセスがどのようなものかを知れば、一見奇妙に思える行動（実はまったく正常）にイライラせずにすむのだ。それだけでなくそのプロセスに魅了され、関心を抱くようにさえなる。

「リトル・ビッグキャット」という社名は、飼い猫の中に残っているトラやライオンやヒョウといった大型（ビッグキャット）のネコ科動物の性質を強調したくてつけた名前だ。

猫の家畜化は、実は猫に対する挑戦といっていいかもしれない。古代の人々は猫を生活に迎え

意志の重要性

猫は外部のエネルギーの影響を非常に受けやすい。生き物に触れられると、波動医学で言うところのエネルギーが最高レベルで表れる。

- なぜ人は自分の意志の力にこれほど無頓着なのだろう？　生き物（とりわけ言語が通じない相手）に触れるたび、あなたは癒しのメッセージを発する力をもっているのだから、それを活用しない手はない。

- 簡潔なメッセージを送ることに集中しよう――たとえば〝もっと穏やかに〟とか〝もっと気を楽にして〟とか、単純なものでいい。そうすることで少なくともこれらのメッセージがあなた自身に反映され、受け手にもよい影響をもたらす。

- 実践するには、スピリットエッセンスの手法を試してみるといい。あるいはハイドロゾル（芳香蒸留水、植物を熱して蒸留させた水溶液）をベースにした精油を使って、エネルギーを相手に伝えるという方法もある。

入れたわけだが、そのときから今に至るまで、猫たちは人間に対して愛憎半ばの社会生活を送っているといえるだろう。猫を人間の支配下におくことに成功したのは、ほかの家畜に比べてずっとあとのことだ。

僕たちが飼う猫（リトルキャット）が、本質的にはビッグキャットの特徴を色濃く残していることに気づいたのは、猫には高所派と低所派がいると発見したころだった。行動や健康面において必要とされるものもビッグキャットと同じなのだ。

猫がトイレ以外の場所に排泄してしまうという多くの家庭を訪問した。これは一見典型的な問題に思われがちだが、理由はそれぞれ異なることが多い。たとえば排泄のパターンや歩き方など、どこかにおかしな点がある場合がほとんどで、僕はそうしたごく小さな兆候をとらえることができた。

そしてジーンと二人で相談し、彼女が猫を鼻先から尻尾までくまなく検査する。その結果をもとに、猫に何を食べさせればよいかを飼い主に改めて教える。そういう個別の対策を講じるというのが僕たちのやり方だった。

こうして完成度の高い仕事をこなしていくうちに、僕は〝肩書きコンプレックス〟を克服できた。ジーンが知らない猫の隠れた習慣を僕が知っていて、僕が知らないその習慣の理論的背景をジーンが知っている。二人の哲学は補い合うことで、チームとして完璧に近い対応ができるとい

リトル・ビッグキャット
猫は小さなライオンである

飼い猫が〝内なるライオン〟を出現させる場面は、見ていて楽しいだけでなく大切なことでもある！　僕とジーンが〈リトル・ビッグキャット〉を運営していくうえで柱に据えたのは、以下の２つだった。

①プレイ・セラピー

次の言葉を口に出して唱えてほしい。

狩る / つかまえる / 殺す / 食べる / 毛づくろいをする / 眠る

これは僕たちが共に暮らす猫という小さな捕食動物の自然なライフスタイルだ。実際に狩りをさせられないなら遊びで代用し、集中力とエネルギーを発揮させてやる。毎日そんなふうに遊ばせてやることができれば、多くの〝問題行動〟は生まれない。

②キャットキンス・ダイエット（ふたたび！）

前述したとおり肉食のメリットは、体重管理ができたり、毛づやがよくなる等の効果があるが、そのほかに行動面におけるメリットもある。肉とそれ以外のものを食べるときの違いを見れば、彼らがどちらを好んでいるかは一目瞭然だ。つまり満足度が違うのだ。

食事で満足できれば、不満も軽減する。何かご褒美をあげるときに、ドライフードと肉とで比べてみてほしい。果たしてどちらが勝つだろうか？

う自信をもてたし、その事実を実感することで言葉にならないくらい元気づけられた。

「ジャクソン、あなたは猫の専門家だそうね？　どんな資格をもっているの？」

「ええと、その、修士号ですが」

「まあ、そう。なんの修士号？」

「あの……演劇です。でも、役に立ってます！　いや、本当なんです……。あれ、どこへ行くんですか？」

　こうした会話は僕にとって恐怖だったが、ジーンと一緒にいればもう怖くなかった。僕にだって、獣医学校に入って動物学者になるという道があったのかもしれない。だがそんなことは考えなくなった。ジーンは一日十二時間も文献を読んで研究し、論文にまとめている。僕はそんなことはまっぴらごめんだ。

　クライアントからの相談電話を待つ間、頭の中で父の声がこだましていた。そんなとき僕にできたのは〝家族が誇れる生活をしよう、セールスマンのように考えよう〟と自分に言い聞かせることだけだった。僕の父はセールスマンだ。母方の祖父もセールスマンだったし、兄弟もセールスマンをしている。

　でも、僕は違う。何かを買わされるのは大嫌い、売りつけるのはもっと嫌いだ。とはいえ僕だって食っていかねばならず、そのためには何かをして金を稼ぐしかなかった。今になってみると分かるが、自分がしていた仕事を父親に認めてほしいという気持ちもあったのだろう。

「つまりおまえは動物版の聖水みたいなものを売っているわけだな？」
父は半ば戸惑いつつも、僕が何かを売っているというのは理解した。猫の精神科医をすると言っても、父にはまるで通じない。しかし猫だろうとホリスティック療法だろうと、はたまたブルックリン橋だろうと、売るという行為でさえあれば、たとえどんないかがわしいものであっても父は理解できたようだ。

〝スピリットエッセンス〟はジーンと僕が提供する動物向けのフラワーエッセンスのひとつで、感情、肉体、および精神の問題（孤立による不安やぜんそく、移動によるストレスなど）がもたらすエネルギーの不均衡を是正する効果がある。これが僕たちの仕事では唯一、具体的な商品と呼べるものだった。

大した利益にはならなかったが、少なくとも一定の売り上げは見込めたので、僕はエッセンス販売をリトル・ビッグキャットの業務に組み込んではどうかと提案した。この案を実現するには、構想段階を除いて、すべて僕がひとりで請け負うとジーンに約束するしかなかった。なぜなら、すでに五年にわたってひとりでエッセンス作りに取り組んできたジーンは、心底うんざりしていたからだ。

新たな業務の成功は、ひとえに僕の手腕にかかっていた。僕たちはリトル・ビッグキャットのウェブサイトを補完する形で、スピリットエッセンスのウェブサイトもつくった。リトル・ビッグキャットのサイトは、この仕事にかける僕とジーンの熱意や情報が主だった。これに対してスピリットエッセンスのサイトは、物質面での理想を追求したものにした。こうして僕たちがベンとジェリー創業のアイスクリームブランド「ベン&ジェリーズ」の成功の再現を狙う態勢が整ったのだ。

やがて注文が入りはじめた。最初は一日一件、幸運な日には二件という小さなスタートだった。それでも僕たちは、そのうち注文が殺到するようになると期待し、祈りつづけた。

しかし、期待どおりにことは運ばない。エッセンス販売業務の利益は一日平均三十ドルほどしかなく、僕は自分の無力さを思い知らされた。一日三十ドルしか稼げないビジネスマン、つまり相変わらずみじめなペテン師のままというわけだ。僕もジーンもクレジットカードのおかげで生き延びていた。

毎日、僕は注文の品を容器に入れて郵便局に持っていく。郵便局が閉まる直前の時間帯に封筒一、二枚の入った容器を持って列に並ぶのだが、封筒があふれそうな同じ容器を抱えたほかの事業者たちを横目で見るのは正直つらかった。

「やあ！」

僕は窓口の男に声をかけ、空に近い容器でも平気なふりをした。男からの返事はない。

「今日は一日どうだった？」

「ふん」と男は興味なさそうに鼻を鳴らした。

僕の苦しい心境などお見通しだろう。そんなこと分かってるさ。郵便局の誰もが、一刻も早く仕事を終わらせ家に帰りたいと思っていることなど、百も承知だ。振り向くと希少本を売る仕事をしている女性が、世界中のコレクターに送る十二個もの大きな荷物が入った容器を抱えていた。僕が気弱な笑みを浮かべると、女性は〝早くしろ〟と言わんばかりに腕時計に目をやった。その仕草を見ながら内心〝最初は猫の専門家のふりをして、今度はビジネスマンのふりをするのか〟と自問せずにはいられなかった。

それから二年というもの、僕は〝頭を砂に突っ込んで現実を見ないようにして〟郵便局に通いつづけた。いや砂ではなくプラスチック容器に、と言ったほうが正解かもしれない。容器は空っぽに近かったのだから。

初めて容器がいっぱいになったとき、僕は羽根を誇示するクジャクさながらに郵便物を誇示して局内を歩きまわった。列で順番が来たときは、後ろに並ぶ切手を買いに来ただけの人たちを誇らしげに待たせたまま、窓口の局員が僕たちの商品をアメリカ全土、いや世界中に送り届けるために運んでいくのを見送った。希少本販売の愛すべき女性に意味ありげな流し目を送ると、色っぽい視線が返ってきて、それまでの苦労が報われた気がした。

僕は立派にビジネスをしていた。両親は音楽やペットなど趣味にしかならないとずっと主張していたが、今僕がしているのは趣味などではなく、現実の仕事だった。

やがてジーンが体調をくずし、仕事のペースが目に見えて落ちはじめた。夜も眠れないようで、会社を立ち上げた当初のきつかった数年間、僕を支えてくれた馬力も明らかに衰えていった。

かつて彼女は僕に言った。「私はブルドーザーみたいな人間よ」

「目の前に立ちはだかられても気がつかないと思う。覚えておいてね。万が一あなたを踏みつぶしても、〝そもそもどうして轢かれるようなところに出てくるの?〟って言うだけよ」

このジーンの言葉は、そのあとことあるごとに僕の頭によみがえった。彼女の〝ブルドーザー的〟な馬力は僕の拠り所だった。

ジーンは僕たちの哲学と相容れない相手に対しては、時間の無駄だとばかりにさっさと切り捨てた。相手の気持ちなどおかまいなしだった。誰からも賛同を得ようとやっきになっていた僕とは対照的だ。ジーンは僕をふるいたたせ、背中を押し、猫についての知識も惜しみなく与えてくれた。そんな彼女が、僕の人生から消えていこうとしていた。

ある日ついに運ばれた緊急救命室でジーンは生死の境をさまよい、心臓の移植手術をしなければならないことが判明した。それで彼女の変調には説明がついたけれど、だからといってなんの救いにもならなかった。

僕は彼女に心から同情を覚えつつ、身勝手にもおびえていた。なんとかひとりでやってきたエッセンス販売の重圧が大きくなっていたからだ。エッセンスを注文し、ボトルを調達し、滅菌してエッセンスを調合するのも、さらにはラベルをデザインしてボトルに貼りつけるのも、すべてひとりでこなしていた。頭がおかしくなりそうなほど時間のかかる仕事だ。

それらを僕がやっていたにもかかわらず、経営上の決断だけはジーンの同意が必要だった。この時期、僕と彼女は次第に経営権をめぐって争うようになっていた。

だがそうしたことは全体の一部分でしかない。僕たちの考えを広めるうえで、ジーンの活躍はとてつもなく大きかった。彼女はたくさんの記事をウェブサイトに書いてくれた。リトル・ビッグキャットのサイトが猫にとって理想の砦となり、僕たちがほかの飼い主と思いを共有できるようになったのはジーンの功績だ。だが新たな展開は、僕を最悪の精神状態に追いつめていった。

同じころ、ベニーはもろもろの問題で相変わらず台風のように猛威を振るっていた。

奇妙だったのは、僕が荒れ狂うベニーの行動を前向きにとらえはじめたことで事態は一変した。あちこちにしたおしっこにイライラするのではなく、冷静に問題に向き合い対処できるようになっていった。これはパズルだと思えばいいのだ。孤独の砦ともいえるこのアパートを舞台にしたベニーの激しい抵抗は、僕にとって絶好の学習機会になったのだ。せっかくの贈り物を無駄にする手はない。

「くそったれ、こんな扱いにくい猫がほかにいるもんか」と、ただ頭の中で繰り返していれば楽だったろう。だが、それもまた一種の依存症状みたいなものだ。被害者のようにふるまい、すべては僕をひどい目に遭わせようとしている神のせいだと言うこともできる。しかし僕はドラッグと手を切る過程で学んでいた。エネルギーの方向を変え視点を変えて、「いいさ、ベニーは習慣を大事にしているんだ。安定を望み、変化を望まない。それこそが彼にとっての幸せなんだ」と考えられるようになっていたのだ。

たとえば自分の毛をむしりはじめたベニーは、背中の後ろと胴の一部がはげ、プードルのような外見になってしまった。いきなり頭を激しく動かすので見に行くと、ベニーは口いっぱいに詰まった毛を舌で押し出そうと無駄な努力をしていた。

原因を探ろうと、僕は必死に考えた。ベニーの問題の背後には、何か大きな原理があるはずだと信じている僕は、それを知りたいと思った。僕は心の中に依存症であるもうひとりの自分を抱えており、そいつがその原理を制御するスイッチを手に入れようと必死になっていた。

もちろんそんなスイッチはどこにも存在しない。しかし当時の僕にはそれが理解できなかった。原因は、灰色と白の毛が詰まった口を見てパニックに陥らないようにするためには、感情ではなく科学に頼るべきだと信じていたことにある。今なら分かるが、心を無視して頭だけで行動すると必ず行きづまる。僕はひとつの症状に対し、ひとつの原因を当てはめようとした。ベニーが毛をむしる原因は毎回違うのに、それを無理やりひとつにしていたのだ。そのせいで、限られたものの考え方しかできなくなっていた。

食物アレルギーや環境アレルギーが原因かもしれないし、春と秋の換毛期のせいかもしれない。ヴェローリアが昨日と違う食べ方をするのを見ただけで、ストレスを感じたのかもしれない。またそれらが組み合わさった何かかもしれない。

ベニーがプードルと化したのは七月半ばなので、換毛期のせいというのは除外できる。食べるものには気をつかっていたから食物アレルギーでもなさそうだし、寒い季節でもないので傷めた骨盤によるストレスでもないはずだ。つまり僕がこれまで思いついたどのケースにも当てはまらない、新しい原因があるということだ。

やがてベニーが寝ないようになり、エアコンの前を行ったり来たりして、ついにはエアコンの上に飛び乗ることに気づいた。そして毛皮を着たストレスの塊と化し、自分の体から大量の毛を引き抜いてはなめて丸め、折り紙作品のようなものをエアコン周辺の床に残していった。

僕がようやく事態を理解したのは、暑くなってきてエアコンが必要になったときだった。スイッチを入れたとたん、猫のおしっこの匂いがリビングルームに充満した。紫外線蛍光ランプ(ブラックライト)を持って外に出ると、エアコンの室外機に猫の排泄の痕跡があらゆるところについていたのだ。痕跡だけではない。たった今したばかりのおしっこが排気口のあたりから壁を伝って流れ落ち、地面に水たまりを作っていた。

そこでふだんおろしたままのブラインドを上げ犯人が現れるのを待った。すると、その日のうちに見たこともない二匹の猫が室外機に飛び乗り、しばらくそこに座っていた。ベニーが姿を現すと、これまでと違ってブラインドがないので室内が丸見えになり、猫たちは飛び上がって逃げていった。

このときすべてを理解した。ベニーは体の毛を抜き、匂いと同時に目でも確認できるマーカーを自分の縄張りに残し、不安を和らげていたのだ。ふつうの猫は火には火で対抗しようとする。相手と同じようにエアコンのある壁とその下におしっこをまき散らし、〝譲れない境界線〟を示しただろう。ところがベニーは違った。自分の毛で縄張りにしるしをつけていたのである。僕はまたしてもベニーから、猫の行動には決まった型がないということを教わった。

僕は何種類もの洗剤を使って、部屋の外についたいまいましい汚れを落とした。それからリモコン式の空気噴射装置を取りつけ、猫たちが室外機に近寄ってくるたびに不快な風が出るように仕掛け、ここよりも別の場所のほうが快適だと思い知らせてやった。誤って近所の人たちに空気を噴射してしまったことも何度かあったけれど、彼らの飼い猫も野良猫から被害を受けていたので、みな許してくれた。

二日もすると野良猫たちはほかの場所に移り、ベニーは自分の毛を抜かなくなった。少なくとも数カ月の間は。

僕の挑戦は終わりにはほど遠かった。人と会い仕事をこなしてはいても、心の奥底では自分に嘘をつきつづけていたからだ。僕は薬に人生を支配されていた。路上で手に入る違法なドラッグではなく合法な処方薬だったから、そうでないふりをしつづけることもできた。でも要するに僕がジャンキー(麻薬中毒)だという事実になんら変わりはなかった。

猫の食べものが
猫をむしばむときもある

多くの動物たちは人間が知らないだけで、実はさまざまなアレルギーを生涯抱えていく。その中には、鶏肉、魚、トウモロコシ、牛肉、大麦などといったペットフードによく入っている原材料も多く含まれる。

アレルギーは診断しにくいが、ペットの顔に発疹ができたり、湿性の炎症ができたり、下痢をしたり、しきりに体をなめはじめたりしたら、獣医に相談して食物アレルギーかどうかを確認することが肝心だ。

その際にはシカ肉かウサギ肉を使うなどして、８週間のテストを行う。また環境アレルギーも増加傾向にあるが、これを診断するにはさらに専門的な獣医の協力が必要だ。

アレルギーに効くホリスティック療法には、アカニレなどの自然の抗炎症治療薬や、魚油などで作った皮膚治療に効果があるサプリメントがある。猫の健康のためにホリスティック療法を取り入れたいのならネットで検索して、その療法を実践している獣医を探してみるといいだろう。

〝内なる脅威〟対〝外部からの脅威〟

猫の縄張りに対する不安は不適切なマーキングとして表れる。対処するには、次の2点を観察しよう。

①内なる脅威

ほかの猫や犬たち、子どもたちと、大事なものや重要な場所を取り合っていないだろうか？

②外からの脅威

屋内にいるあなたの猫が、窓ガラス越しに外を見たとき、うろついている猫はいないだろうか。

そうした猫の存在は、いわゆる〝アラモ反応〟（アラモ砦は1836年のテキサス独立戦争の際、テキサス軍とメキシコ軍が奪いあった場所）を引き起こす。あなたの猫はあらゆる手段を講じて縄張りを守るはずだ。外に出てその猫と対決できないときは、玄関ドアや窓の下にマーキングをするだろう。

猫に学ばせるコツ
——より快適な代替案を与える

猫をある場所に近づかないように教え込むのは人間にとって至難の業だ。なぜなら、それには次の条件が必要だからだ。

①２分以内にその場で対処する。
②何度でも根気強く対処する。
③猫が禁じられた場所に近づくたびに必ず対処する。

職場にいたら、自宅で猫がキッチンのカウンターに飛び乗ってもスプレーで水をかけられない。そういうときは、リモート式の訓練用装置を利用しよう！　２、３週間あれば問題を解決できるはずだ。

カメラがついた圧縮空気缶を例にとると、猫がカウンターに飛び乗るたびに缶から空気が吹きつけられ、カウンターから追い払われる。何日もしないうちに、猫はどうやらカウンターは居心地がよくないと学ぶだろう。

猫に何かをあきらめさせたいなら、このアドバイスをしっかり覚えておいてほしい——猫に〝ノー〟と言うときは、必ず〝イエス〟を用意しておくこと。

あなたの猫がカウンターにこだわりを見せるなら、なぜカウンターなのかを探り出す。それからカウンターの近くであなたに都合のよい場所に飛び乗れる台を設置してあげれば、猫にとって重要な目的は達成できるわけだ。

カウンターは〝ノー〟だけれど、この台は〝イエス〟。

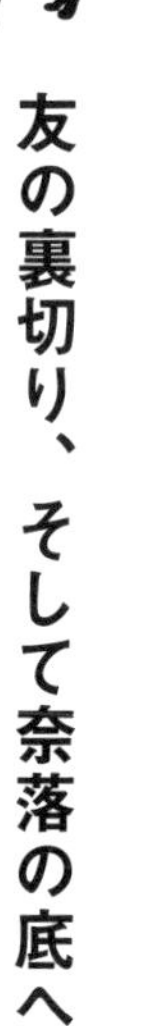

友の裏切り、そして奈落の底へ

僕がクロノピンを常用するに至った経緯を説明するには、ガールフレンドとボールダーへ引っ越した半年後に神経をやられてしまった話からはじめるしかないだろう。

自分で立てた明確なキャリアプランに従って、僕はボールダーに引っ越してまもなく演奏の仕事をはじめた。運よくいくつかのクラブのレギュラー奏者になり、じきにファンを獲得することにも成功した。

新しい家に引っ越し、僕の音楽を大好きになってくれる大勢の人々と出会い、すぐにみなが僕とパーティをしたがるようになった。そして僕はあらゆるタイプの人々と親しくなるが、大半はどこへともなく去っていった。社交の世界で巻き起こった嵐みたいなものだ。

それから同じコーヒーショップで働くダンという男と知りあった。彼はさしたる理由もなくロサンゼルスからボールダーに移ってきたという。

今にして思えば真っ先に警戒すべき類の人物だった。音楽関係の仕事をしている父親をもつダンはベーシストで、二曲ほど売れたバンドのために書いた作品の印税で食べていける身分だった。

そんな彼に一緒にバンドをやりたいと言われ、当然ながら僕の胸は躍った。ダンは、ロサンゼルスにいる彼の仕事仲間に僕の曲を聴かせればきっと契約できるから、デモテープをつくろうと持ちかけた。

古いプレーヤーに初めてレコードをのせたときから、こうなることは分かっていた。僕はとうとう幸運がめぐってきたと思い、有頂天になった。

そして僕たちはデモテープの制作に入った。仕事が終わるとすぐにダンと二人でスタジオ（僕のベッドルーム）にこもり、僕のボロい四トラックカセットレコーダーに向かう。すぐに分かったが、ダンのベースの腕前はひどいもので、歌はそれに輪をかけて下手だった。彼がただひとつ得意なのは僕にあれこれ指図することだけだった。

本人によれば僕を〝プロデュース〟しているのだと言う。そう言われると返す言葉もなく、僕はひたすら彼の言葉に従った。自分でベースを弾き、ほかの楽器の音もテープに吹き込み、そういう状態が数カ月もつづいた。

ついにある日、忙しい朝のコーヒーショップにダンから電話が入る。電話を受けた店員は忙しいからと切ろうとしたが、ダンがあきらめないので怒りを爆発させて僕の名を呼び、受話器をシンクに投げつけた。

「なんの用だと思う?」とダンが言った。

「おい、こっちは二十人から冷たい目で見られてるんだぞ。用があるなら早く言ってくれ」

「ロサンゼルスから電話があった。デモテープを気に入ったから、もっと聴かせてくれってさ！」

それを聞いた僕は——お恥ずかしいかぎりだが——歌いながら店内を走りまわった。

そこで僕たちは新しいデモテープに取り組みはじめた。最初のテープは三曲入りで、僕がドラムマシン（ドラムパートを自動演奏する機械）を辛抱強く調整し、ほかのパートも正しい音ができるまで何度も繰り返して演奏したので、完成まで恐ろしく時間がかかった。本来、僕は同じことを繰り返すのはあまり得意ではないが、このときはノウハウを知っている人間についていくべきだと思い、ひたすらダンに盲従していた。

そんな状況がつづき、いつの間にかダンは少しずつ僕の人生を食い尽くしていった。まるでスローモーションで吸血鬼が襲うようなテンポだったので、僕もまったく気づかなかった。

ダンを詐欺師と呼ぶだけでは話が単純すぎる。彼は〝才能ある〟詐欺師だったのだ。出会った者はみなだまされる。特に女性は、簡単にだまされた。ダンはハンサムには違いないが、ずり下がったズボンから尻の割れ目が見えるようなだらしない男だ。しかし人をだますことにかけては天才的だった。女たちには自分は映画スターだと思い込ませ、僕にはこともあろうにミュージシャンだと思い込ませたのだ。

彼は確固とした自信と人を操る技術を身につけた恐るべきペテン師だった。あんなふうに面と向かって真っ赤な嘘をつける人間にはお目にかかったことがなかったし、できればこの先、二度と会いたくない。自分がだまされたのでなかったら、見事だと感心しているところだ。おそらくほかのみんなも同じ心境だと思う。

ダンはいつの間にか僕とガールフレンドの家に転がり込み、僕の彼女を口説きはじめた。実際に証拠をつかんだわけではなかったが、少なくとも僕にはそう見えた。二人のすさまじいけんかを見ていると、その裏に同じだけの情熱があると感じられたからだ。ところが疲れ知らずのダンは、バンドのドラマーまでせっせと口説き、彼女をリハーサルに酔っぱらって現れるようになるまでだめにしてくれた。

ダンは衝動の塊のような爆弾だったが、あるときついに爆発する。あたりかまわず激しく罵り、壁を殴って穴を開ける。近所の家の窓を壊し、苦情の電話がかかってくるようになった。あげくの果てには手錠をかけられて連行された。

その怒りのエネルギーのすさまじさに僕は震えあがった。いつもと同じだ。この種の強烈なエネルギーを感じたとき、僕はどこかに隠れたくなる。正直に言えば、僕が新入りの猫たちに〝ささやく〟技術を身につけたのは、こうして隠れているときだった。

そこで僕は爆破装置を外したうえで（ダンをなだめて）、距離を置くことにした。仕事から戻るとすぐに路地でギターを弾くために出かけ、ダンとガールフレンドが何をしようとあまり考えないようにした。それなのに二人への妄想はひどくなっていった。

人生を失おうとしていることが自分にも分かっていた。セラピーにも通い、指の間からすり抜けていく大事なものを必死でつかもうとした。でも無駄だった。

そんな日々に終止符が打たれたのは、用があってダンの部屋に入ったときだった。そこには偽造した僕のサインがされた書類が何枚もあった。よくよく調べてみるとダンは、僕の金（あまり持ってないけど）をくすねていたばかりか、電話代や夜中に見ていたポルノ番組の料金も僕に払わせ、さらに数千ドル分の小切手に僕の名前でサインをしていた。

それだけではない。父親の話も、デモテープやロサンゼルスの仕事仲間の話も、全部でっちあげだった。僕はセラピストからダンに屈しない態度を教わり、街を出ていかなければ警察に突き出すと告げた。翌朝、彼は姿を消していた。

だが、僕はもうおしまいだ。僕にはもう何も残っていない。誰の役にも立てないし、曲も作れない。一巻の終わりだ。

今でさえ、この話をするのは恥ずかしさで消えてしまいたくなる。ある日突然ダンが現れ、竜巻のような大混乱を巻き起こした。僕の頭がおかしくなったのもあの男のせいだと言いたいが、実際はそうではない。ダンは僕の特大の弱点を白日の下にさらしたにすぎないのだ。

僕は子どもみたいに好きなことをして暮らし、子どもみたいに他人を信用して生きていた。ずっとアーティストぶって暮らし、他人に依存して生きてきた。タイピングや書類整理能力の話ではない。僕は何であれ、物事と向きあう方法をいっさい学んでいなかったのだ。僕の家は悪いオオカミに吹き飛ばされる藁の家ではなかった。それどころかティッシュペーパーでできていて、ちょっときつい言葉をかけられればズタズタに引き裂かれてしまうもろい家だった。

ダンがボールダーを逃げ出しロサンゼルスかどこか安全な場所に去ってしまうと、僕はようやく息がつけるようになった。そして完全な神経衰弱に身を任せることになった。

「頼むよ、入院させてくれ」

僕は精神科医に懇願した。

「ジャクソン、入院する必要はないわ。あなたは現実の不安におびえているだけよ」

「いいや、先生は分かってない。僕はおかしくなってるんだ。七十二時間でいいから隔離してくれよ」

「抗不安薬のクロノピンを処方するわ。どうしても必要なとき以外は飲んではだめよ。大丈夫、きっとよくなるから」

処方箋を渡し言い終えるとドアに視線を移し、さっさと帰れという合図を送ってよこした。どうしても必要なとき以外はのんではだめ、ときた。

だが結局、いつもの薬では不安と落ち込みを解消できず、コーヒーショップの昼休み中にガールフレンドに電話をかけ、クロノピンを持ってきてくれと頼んだ。もう一分たりとも我慢できなかったし、仕事帰りによろよろと日暮れの街へ薬を買いに出る金もなかったからだ。薬を届けにきたガールフレンドと外のベンチに座り、薬が効いてくるのを待った。

その後の十年はあまりよく覚えていないが、初めてクロノピンを飲んだあとの四十五分間の感覚は、依存症治療を受けるまで、もっとも鮮明な記憶として焼き付いた。ガールフレンドが僕をじっと見た。もろい僕の精神が風に吹かれて壊れないか、心配してくれていたのだろう。

四十分ほどたったあたりで、クロノピンの効果が強烈に表れてきた。幻覚剤で見る怪しげな夢の感覚に似ていたが、もっと鈍い感じだ。

僕は口をあんぐりと開き、魔法のじゅうたんが僕をどこか遠くへ連れていくのに身を任せた。膝の力が抜け、ゆっくりと温かいうねりが全身を洗い流していく。最初に膝に表れたこそばゆい感覚はすばらしかった。やがてその感覚は膝から上に向かって強さを増し、最後に口に達した。ろれつがまわらなくなったのだ。

周りの仲間も僕が薬に飲み込まれていることに感づいていただろう。僕は今でも、クロノピンやザナックス、その他のベンゾジアゼピン系の薬を飲んでいる人は見れば分かる。口の乾きや言葉がうまく話せないという症状は隠せないのだ。

おそらく何分かが経過し、最初の陶酔が過ぎたところで顔を上げると、ガールフレンドが泣いていた。僕はどうでもいいという気分で、むしろありがたいと感じていたのを覚えている。何年かたって、あの日どうして泣いたのかと尋ねたら、彼女は、僕を永遠に失ったことが分かったからと答えた。

彼女の言うとおりだ。それから数カ月間、僕は彼女を完全に避けた。クロノピンを飲むと、すべてが遠い出来事に感じるようになる。愛だの悲しみだのといった感情を抱くのは、紙のトランプ製の家の下でマッチをするも同然の危険な行為で、家を守るためには炎を消しておくしかなかった。

それからというもの、僕とガールフレンドの間にはさまざまなことが起き、彼女は僕のために誰よりも一生懸命闘ってくれた。そして、彼女は数カ月で僕のもとを去っていった。僕は彼女が出ていったことさえ覚えていない。

しかし彼女がいなくなっても、僕は平気だった。ついに感電の恐れがあるむき出しのコンセントから手を離すのに成功し、危険な電流も例のゆるやかなうねりに変わったのだ。僕は感受性が強すぎるという問題からようやく解放された。

クロノピンは、いわば遠くへ連れ去るための魔法のエッセンスだった。その後十年間、僕はひたすらこの薬に依存した。マリファナ、コカイン、酒、ＬＳＤ、マッシュルームなどは日によって効果が違う。だがクロノピンの効果はいつも一定だった。四十分待ちさえすればよいのだ。どれほど苦しい地獄を通り抜けなければならないとしても、四十分と分かっていれば耐えられた。おまけにクロノピンは合法で、医者から手に入れられる薬なのだ。

初めてクロノピンを摂取した日から十年が経ったある日、ドミトリという早口の弁護士と彼の仲間たちが、僕の家に隠してある薬物を一掃しにやってきた。

クロノピンはほかの処方薬の瓶に入れて人目につくところに置いたり、ナイトテーブルの引き出しに入れたり、薬瓶ホルダーにある三つのポケットに入れたり、さらにはシンクの下にしまったトイレットペーパーの横に置いたりといろいろな場所に隠してあったが、これについては黙っていてもいいような気がした。クロノピンはドラッグではなく〝治療薬〟なのだと、僕は自分を正当化した。

こんな心構えでいたから、僕はいくつもの依存症治療プログラムを追い出されてきたのだろう。これらのプログラムでは、依存症者はスポンサーと呼ばれる担当者につくのが一般的だ。

僕が最初に行ったプログラムのスポンサーは、誰が相手でも対応できそうな若い男性だった。ユーモアのセンスがある妻子持ちで、安定していて、いかにも頭がよさそうな男。だからこそボールダーのスポンサーたちの中でも、指導者的な役割を任されていた。患者はみな自分が望むものをもっているスポンサーを選ぶものだが、彼は実にいろいろなものをもっていて、おまけに若くして人間的にも成熟していた。

僕たちは三、四回ほど面談したが、十二段階あるプログラムの最初の数段階で、彼は中断を宣言した。ある日、コーヒーを飲みながら「プログラムは打ち切りだ」と僕に告げた。

「きみが薬物をやめないかぎり、これ以上先には進めないよ」

「トニー、僕はちゃんとドラッグをやめた。何度言えば信じてもらえるんだ？　僕はマリファナを吸っていないし酒も飲んでない、コカインも幻覚剤もやっていないよ。もうそんなものとは手を切ったんだ」

「なるほどね。でも、まだ処方薬に依存してるよね」

「いや、それはない。必要な薬を飲んでるだけだ。医者に処方されている薬をさ」

その薬が二人の医者から処方されているという事実は伏せておいた。そしてその医者たちが、お互いの存在を知らないことも。

「残念だよ、ジャクソン。きみは薬物をやめていない。ほかのスポンサーを探してくれ」

そう言われて僕は傷ついた。もしジェンとつきあっていなかったら、あのままプログラムをやめていただろう。でも僕はジェンに回復したと認めてもらいたかったし、彼女も僕がきちんとスポンサーにつくことを望んでいた。だからもう一度、よさそうな別のスポンサー候補者に会ってみた。しかし、今となってはその候補者の名前すら覚えていない。彼には一回きりしか会わなかったし〝クロノピンをやめたらまた来てくれ〟と言われたからだ。

一方で回復期にある友人たちや、最終的に僕を導いてくれることになるケンは、僕に対して声高に説教した。もしドラッグをやめるだけでなく、完全に薬物依存状態から抜け出したいのなら、とことんまじめな生活をするしかないと言った。僕はやかましい友人たちを黙らせ、彼らが間違っていると示したい一心で、ついに医者に会って本当の事情を説明した。

診察室は医者という立派な労働の成果を見せつけるべく、ものすごく贅沢な作りの部屋だった。医者の背後の巨大な壁は人工滝になっていて水が流れ落ちていた。彼はデスクに身を乗り出して僕の視界から水の流れる壁をさえぎり、聖杯の隠し場所でも告げるような口調で開口一番こう言った。

「きみはサイを殺せるほどのクロノピンを飲んでいるよ」と。

いきなり服用をやめると命を落とす危険性があるから、徐々に量を減らしていく必要がある。それも〝今すぐに〟はじめなくてはならない、と彼は淡々と言った。

医者に、ここへ通っていた間もずっと自分がアルコール依存症であり麻薬常用者であったことを白状すると、彼はおごそかながらも嫌悪感丸出しの口調で、「きみを見殺しにせず薬を減らしていくことに協力する」と答えた。僕のもうひとりの医者のことも知っていたらしく、彼はその場でその女性医師に電話をかけ、二度と僕に薬を出さないようにと告げた。これでいよいよ万事休すだった。

僕がこの話をケンとジェン（二人は犬猿の仲だったが、別々の方向から僕を支えてくれていた）に知らせると、二人とも全面的に支援してくれた。ケンの警告の言葉を借りると、クロノピンをやめるのは尻から鉄筋を何センチかずつ引き抜いていくようなものらしい。それから三カ月間、僕は薬を減らすたびに心身ともに猛烈な苦しみに襲われ、とくに最後の三日間は苦痛が頂点に達した。

減薬が終わりに近づくと、僕は定期的にミーティングに出席した。最後に薬を飲む前の七十二時間と飲んだあとの七十二時間は、まさに地獄の苦しみだった。禁断症状のつらさは、十年前に逃れようとした狂気よりさらにひどかった。不均衡な心の後ろに隠れていた感情は、はじめこそ目の端をかすめるほどのものだったけれど、日に日に大きくなっていった。感情を断ち切る〝オフ〟のスイッチをひとたび失ってしまうと、あのゆるやかなうねりも洗濯機の冷たい水で洗われているように感じられて、僕の尻を蹴り上げるだけだった。何度死にたいと思ったか分からないほどだ。

クロノピンを断って最初の十二時間、僕は吐いてはお茶を飲んだ。ジェンが僕の頭にタオルを当て、〝こんな目に遭うのも今だけよ〟と言ってくれたものの、とうてい信じられなかった。突然、神経細胞が火を噴いてありとあらゆる幻覚に襲われ、またしても嘔吐する。その繰り返しだった。

その後何週間も、日没後は車で送迎してもらわなくてはならなかった。まだ視覚が光に過敏な状態で、曳光弾のような光の筋が見えてしまうからだ。僕が薬物をやめていないというプログラムのスポンサーたちの言葉は正しかった。ケンにもしつこく言われ、僕は自分では薬と切れたと思っていた六カ月間を消し去り、薬物依存を断ち切った日付をセットし直した。そして、それまで挑戦したことのない高い山をのぼりはじめた。

三カ月後、僕は生まれたての傷つきやすい状態でニューヨークに戻り、家族に会った。依存症になるほど薬物にはまっていたせいで、両親との関係はこじれていた。〝本物の素面〟の状態になって九十日目が近づくにつれ、日ごとに両親に対する感情が抑えられないほどになり、かえって二人のそばにいられなくなった。

この新しい感情は、十代の反抗期を四十倍にもしたような激しいものだった。心に壁を築こうとしても、その壁がアップルソースでできているかのように簡単に崩れてしまう。この混乱した気持ちを味わうようになるのも、回復による恩恵のひとつでもある。

僕が両親に対して抱いている気持ちを、彼らも同じように感じているのも分かってきた。僕は両親から生を受け継いだのだと実感し、深い感動を覚えずにはいられなかったが、同時に世界でもっともちくちくするセーターに編み込まれた感じもする。

僕は昔、両親と似た部分が嫌いだった。でも、もう自分だけが不平を言っているわけにはいかない。僕たち三人は、ともに加害者であると同時に被害者でもあったのだ。かつての僕はただ、怒りという安易な感情を向ける相手が欲しかっただけだ。ところが僕は混乱し、両親と自分自身を憎み、やがてその憎しみを世界中の人たちに向けるようになってしまった。

薬物から足を洗った今、そんな感情のままでいるのは、どうにも耐えがたかった。

僕は複雑で混乱した気持ちを抱えたまま、ある日いとことランチに出かけ、気がつくと両親への不満をぶちまけていた。するといとこが僕を見て、いとものんきな口ぶりで言った。

「ジャクソン、親にそんなに期待するなよ。向こうはもう七十代だ。今さら彼らを本気で変えたいのか?」

「変えたいに決まってるだろう!」と僕は吠えるように叫んだ。あまり大きな声だったのでレストランから追い出されやしないかと、思わず周囲を見まわした。叫んだ瞬間、自分がいかに愚かなことを口にしているかに気がついた。僕が両親を変えられるはずがないではないか。二人に対抗する力なんか何ももっていないのだから。

世界が自分の思いどおりにならないと思い知ると、依存症者はひどく衝撃を受ける。猛烈に怒っていた僕は、突然同じくらい猛烈な悲しさに襲われ、そして落ち込んでいった。

一週間後、蒸し暑くてうんざりするニューヨークの夏の日、僕は弟の家に行った。もう一分たりとも両親の家にいたくなかったからだが、弟の家に行ったことが僕の心理状態をさらに悪化させた。彼の人生が絶好調だったせいだ。別に弟の人生が欲しいわけではなかったが、彼は僕が永遠に手にすることのないものをことごとく手にしていた。僕より体重の軽い人間だけに許される夢。すばらしい仕事。出産を控えている最高の妻。そして〝安定した〟生活。

幸せな彼ら夫婦をテレビの内側から見ているような気分になり困惑した。なぜか非難された気さえして、結局、両親のアパートに戻ろうと弟の家をあとにした。

バス停に向かっていると、あの縁を切ったはずのうねりがよみがえってきて、全身をのみ込んでいった。ごく普通の生活を送るとはどんな感じなのか見当もつかず、僕は横を通り過ぎる人たちから遠く離れた世界にいるような感覚に陥っていった。

バス停に着き、両親の家まで二十ブロックの道のりを耐え抜こうと決意したところで、自分がバス代を持っていないことに気がついた。そして、雨が降り出した。

これまでずっと両親の言いなりになってきたが、神はそれでも不満らしい。今日だって僕のこれまでの生活が自業自得だと言わんばかりに、弟とその完璧な妻を出現させた。いまや神は完全に僕をあざ笑っていた。依存症者の常として、僕もすべては神からのお告げだと受けとめている。

雨は約八百万のニューヨーク市民に降っているのに、濡れているのは自分ひとりだと僕は信じていた。

僕は声に出してしゃべりはじめた。依存症だったころ、ひとりで話したことなどなかったのに、薬物と手を切った途端、そんな奇行に出るのだから妙な話だ。

「僕にどうしろっていうんだ？」と誰ということもなく、たぶん宇宙に向かって問いかけた。「僕はいったいどうすればいい？」

すると神ではなく、プログラムのスポンサーと僕に愛想を尽かしたみんなの声がした。

「降伏しろ。そこに膝をつけ、このわがままなろくでなしめ。勝利に身を任せろ」

服を脱ぎ捨て、叫びながら通りを駆け抜ければ、親切な警官に捕まって七十二時間の措置入院をさせてもらえるかもしれない。だが僕はそうしたい衝動を懸命に抑え込んだ。十二段階ある治療プログラムの内容を頭から引っぱり出し、暗唱したり復唱したりした。

プログラムの第一段階は〝私たちはドラッグとアルコールに対して無力であると認めます。私の人生はもう手に負えなくなりました〟。そうだ、これでよし。僕の人生はとびきり手に負えなかった。

第二段階は〝私たちは自分たちより大きな力が正気に戻してくれると信じるようになりました〟。まあ、それはそうだ。ここまでは分かっている。より大きな力を選ぶほうが賢いに決まってる。

そして第三段階。〝私たちは意志と人生を神の手にゆだねて神を理解することにしました〟。今こそ、まさに〝その時〟だ。その時が訪れたのだ。すでにあらゆる手段を試したではないか。もう失うものなど何もないはずだ。

とにかく僕は疲れていた。くたびれ果てていた。僕は意志と人生を宇宙にゆだねた。

九十八丁目とブロードウェイの交差点に膝をついて、雨が落ちてくる空を見上げ、人工照明で紫色に染まるマンハッタンの夜空の向こうにある宇宙を本気で見ようとしていた。自分でもどうしてそんなことをしたのか、さっぱり分からない。

僕はそれまで一度も祈ったことのない人間だった。もっとも目先の欲を満たそうと祈った経験ならある。ドラッグが欲しいとかレコード契約が欲しいとか……。逃げるために祈るのはもっと簡単だ。手っ取り早く、全能の存在と取引をする。

「神様、僕は今大変な窮地に陥っている。助けてくれたら何でも言うことをききます」

だが、ここでの祈りは明らかに性質が違っていた。僕は何もいらない。ただ泣きたかった。そんなことは久しぶりだった。もう腹を立てるのさえ放棄した。この雨に僕の汚れを洗い流してほしかった。母なる地球に身をゆだね、眠りに落ちるまでそばにいてもらいたかった。

僕が薬物依存からの脱却を理屈で片づけようとするたび、ケンはあきれた声で言った。

「ジャクソン、朝起きたときと夜寝る前に膝をついて祈れ。格好だけでいい。宇宙の主でなくてよかったという謙虚な姿勢を見せろ」

このとき僕は観念し、ケンの言うとおりにした。僕は降伏した。喜んで告白するが、僕が人生で両膝をついたのは、あとにも先にもこの一回かぎりだ。もちろんそのあとも、膝をつかずに降伏するだけなら数えきれないほどあったが、本当に自分を追いつめたのはこの一度きりだった。

この一件から九年の間、僕は自分の人生をどうにかコントロールしてきた。僕は必要であればいくらでも降伏する。自分が宇宙を支配できるわけではないと認めるのはいい気分だと、分かっているからだ。

ボールダーに戻ると、僕はより繊細で柔軟になった心の奥で、自分の観察眼が〝科学的〟な好奇心を超えたものになったように感じていた。突如として見ると同時に感じられるようになっていたのだ。

十一月初旬の午後七時。早く日が落ちると、どうにもこうにも調子が狂う。四季はどれも好きだし、コロラドの冬も大好きだ。だが暗闇は嫌いだった。これから四カ月、このいまいましい敵と闘うことになる。

文句を言っているわけじゃない。一日に四件も相談があると、実際へとへとに疲れるのも事実だった。今日の相談も簡単じゃないはずだ。一件ずつ、宇宙からの声と猫たち自身からの導きを探っていかなくてはならない。僕はドアを出るまえに、心を落ち着けようと集中した。

ベニーが〝僕が猫だって？〟という顔をして歩いてくる。まるであの雨の夜から二週間しかたっていないかのようだ。いろいろな考えが頭をよぎっていくうちに、突然、雨に濡れて膝をついていたときの記憶が生々しくよみがえった。ベニーは変わった。それとも、僕が変わりつつあるのか？

踊りつづけろ、ギャラクシー。この状況から脱け出そうなんて考えるな。このままでいい……。涙があふれそうになって、まばたきをするのが怖かった。猫たちのためにつけっぱなしにしているテレビからくだらないおしゃべりが聞こえてきて、気が散ってしまう。消してしまえ……チャンネルを替えろ……でも動くのが怖かった。

この夢から覚めて肌寒い戸外に出ていくのが恐ろしくてたまらない。僕は動いているのに動いていなかった。完全に神が見えるし、神がこっちを見ているのを感じる。幻覚剤のおかげで、僕は自分が宇宙的な洞察力に恵まれているのだとずっと思いこんでいた。でもそんなものをやらなくても、映画『マトリックス』に出てくる銃弾をスローモーションで交わす場面のような動きをできるような気がした。

ベニーは単に僕が世話をしている猫というだけでなく、僕とそっくりの、混乱して苛立っている生き物だ。僕は昔から現在に至るまで、両親と自分の共通点に反発しながら雪崩のような人生を共に生きてきた。僕とベニーの関係はその雪崩の裏側で展開している物語みたいなものだ。恨んだところで意味がない。怒りの出る幕もない。混乱さえ、どこかに消えている。

そのときいきなり僕の目からうろこが落ちた。ベニーと僕はどちらも社会的に孤立し行動面に問題がある。僕たちは途方もなく大きな歯車に巻き込まれた同じ手の二本の指なのだ。これこそ同情と共感の違うところだ。相手のことをどんなに大切に思っても、自分の中に相手がいて、相手の中に自分がいると気づくまで、根本的なことはベールに包まれたままなのだ。

僕は床に膝をつき、それから腰をおろした。アパートの安っぽい床が揺れると、ベニーの耳が百八十度動き、僕と反対のほうを向いた。恥ずかしさがこみあげてきた。

僕はベニーに対して、なんと身勝手に人間のルールを強いてきたことか。人間の規範が猫の規範より高いとか低いとかそういう問題ではなく、違うのだ。まったく別次元のものなのだ。

長年の疑問が積もり積もって破裂しそうになっていた僕の頭は、ようやく解放された。新しい絆に衝撃を受けるとともに、本当のベニーをろくに理解していなかったことに気づいた。そしてようやく自由になった僕の頭は、たちまち恐怖と羞恥心でいっぱいになった。

僕はいつも、ベニーの〝居眠りから覚めたら猫になっていたバスの運転手〟みたいな顔つきを笑い飛ばしてきた。何年も一緒に暮らして、今さら彼の深い苛立ちとそこから生まれた不安に気がついたというのか？

そのとき、バスの運転手から猫に戻ったベニーがリビングルームに入ってきて、それを見た僕が号泣したなんていう展開にでもなれば、ずいぶんと詩的な物語の完成だったろう。しかし泣いて悲しみを表すなんてことはもう久しくしていなかったし、そういう感情はすぐに取り戻せるものでもなかった。それでも僕は目を潤ませて、「こっちへおいで」とベニーに頼んだ。猫に許しを請うのは無駄な行為だ。人間は人間の、猫は猫のやるべきことをして先へ進むしかない。猫がソファを引っかき、カーペットにおしっこをしてしまったら？　やはり先へ進むしかない。尊んでいるはずの動物をいつの間にか単純な型にはめていたことに気づいて、悲しく恥ずかしい気分にとらわれたら？　その気分を受け入れるしかない。

でもだからといって、僕は自分のしようとしていることをやめるつもりはなかった。ベニーが抵抗するのは分かっていたけれど、僕は彼をきつく抱きしめた。〝最後に一度だけ僕だけの一瞬をくれよ、相棒〟と心の中で言った。〝これから先は、ずっとおまえのための時間が待っているからな〟。

そのときから、僕はベニーとの関係をもう一度やり直した。もう困惑が入り込む隙はなく、あるのはベニーの再発見と対策の再構築だけだった。猫の形をした人間ではなく、ありのままの猫としてのベニーに近づくと、向こうも応えてくれた。それからの数日間、僕は振り出しに戻って、ひたすらベニーを追いかけた。どんなに小さな仕草も見逃さず、会ったばかりの新しい生き物として、物語をつくり上げていった。まるで演劇を学んでいたころのように、僕は問いを重ねていった。

〝この猫はどんな精神生活を送っているんだろう？〟〝僕と接触する時間の前後には何があったんだろう？〟〝これからどこへ行くの？〟〝どうして胸で突いたり、肩を落としたりするの？〟

集めた手がかりから、僕は改めてうまく機能しそうな物語をつくっていった。僕の人生にも応用できる物語だ。僕は神経科医であり作家でもあるオリヴァー・サックス（『レナードの朝』の著者）の本に登場するキャラクターになりきることに決めた。目を覚ますたびに〝自分は何者か〟〝居場所はあるか〟と確認し、〝自分は猫という複雑な生き物と心を通じ合わせることができる〟と確認せずにいられない人間だ。

僕はこのキャラクターを演じてベニーとコミュニケーションを図りつつ、以前にも増して彼のための物理的環境を整えていった。〝変わらないこと〟が毎日の課題だった。ベニーが必要としたのは、日々どうやって縄張りを主張し、そこに落ち着くかということだった。ベニーを彼にとって重要な場所に誘導するために、彼が喜ぶご褒美を用意し、毎日それを使って同じ道をたどらせた。

食事はいつも同じ場所に置き、トイレの砂も同じ量に保った。僕とベニーとヴェローリアとの関係にも、行動面と同じように儀式にも似た安定性をもたせることにした。夜になるとベニーをベッドにのせてやり、ヴェローリアをどかした。ベッドという縄張りの王様みたいな場所にタイムシェアリング方式を採用するのは、双方にとってもいいことのようだった。

僕がやらなくてはならないのは、毎晩明かりが消えてからヴェローリアが僕の胸で落ち着く二十分が過ぎたあとにベッドへ来るよう、ベニーに言い聞かせることだけだった。その時間になったらベニーのために場所を空け、ヴェローリアはキングサイズのベッドの端で丸くなる。こうして、忘れっぽい猫を再教育した一日がまた終わっていった。

まさかと思うだろうが、この面倒そうな手順はすんなりと僕の日課になった。新しいアパート兼研究所では広いスペースも時間も確保できたので、それだけ僕の観察力も鋭くなった。

出会いの最初の時期に〝アイ・ラブ・ユー、猫ちゃん〟と愛情を伝える試みは、猫の心の世界に重大なメッセージを送り込むことになるのは明らかだった。

ベニーはその発見の感覚をよみがえらせてくれた。僕はベニーとヴェローリアで試した方法を、仕事で関わったほかの猫たちとのつきあいに反映させた。ほかの猫との関わりを通じて共通した世界があるのも分かったし、同時に自分の中で新たな穏やかさが生まれていることにも気づいた。落ち着いて過程をこなし、猫たちの次の動きを待つことができたのだ。

ベニーの行動には不可解なことが多かったので、なおさら猫の多様な反応に対する説明を考えることができるようになった。それらは僕だけでなく、ベニーの視線に立って生まれる物語であったり絵であったりした。こうした経験が増えていくほど、彼だけでなく、あらゆる猫の基準に合わせて仕事ができるようになっていった。


今、僕がクライアント（相談者）に実践しているやり方を紹介しよう。

まず手がかりを集める→その猫の問題解決への道筋をつくる→僕が編み出した解決策を提案す

る。相談者が、人間ではなく猫の目線になって、彼らの猫の行動を観察し理解してもらうことが大事なのだ。そしてその手法を通じて相談者と猫との絆が深まり、絡み合った問題を解決しようという希望が見えてくる。それまでなかったゆとりも生まれる。

これが僕の頭と心が薬物依存から脱して再出発した結果、できるようになった事柄だ。僕は自分が必要とされるときに行って対応できるようになった。動物たちの前に姿を見せられるようになった。依存症者の問題は、必要とされたときにそこに行くのが怖くてたまらないことなのである。

なかったことにして先へ進もう

猫の集中力は３秒ともたない。だからそもそも猫をしつけようという発想自体に無理がある。困った行動があったら次のことに挑戦してみてほしい。

- その場で 10 数えて、片づけて、なかったことにして先に進もう。それ以外のことをその場でしようとすれば、飼い主と猫との絆はもろくなる。
- 前進しよう。これまで話した方法で長期的な解決策を練り、行動計画を立てよう。

世の中には食べたいものばかり

アルコールと薬物の依存症は不幸をもたらし、その不幸には魔力にも似た輝きがある。交通事故で死んだジェームズ・ディーン、ショットガンで頭部を撃ち抜いたニルヴァーナのカート・コバーン、またレッド・ツェッペリンのジョン・ボナムやザ・フーのキース・ムーン……。こうした不幸な話はなぜ人を引きつけるのだろうか？　人々はどういうわけか有名人の悲劇的な最期に魅せられる傾向があるようだ。

ところが、ママス&パパスのキャスやオーソン・ウェルズやマーロン・ブランドの晩年に魅力を感じるという話はあまり聞かない。食べ物に対する依存は魅力ではなく、恥ずかしいだけなのだ。それなのに、過食症は多くの人が陥りやすい依存症に間違いない。

僕は六歳のとき飲酒も喫煙もできなかったが、食べ物をくすねることはできた。盗みから得ていた快感は、のちにマリファナ、酒、薬にとって代わった。これまで僕は、自分がどんな人間であるかを認め、依存症治療のミーティングに出て、ほかのドラッグやアルコール依存患者、喫煙者、神経過敏症の人たちのなかに自分の姿を見たことなどを書いてきた。これらを打ち明けても、なおその上に塗り重ねた恥を明かすまでには、まだつらく長い道のりがあった。

僕は依存症だ。アルコール依存症で、薬物依存症で、過食症。最初の二つは言えるようになったが、三つ目は言いにくい。それを告白することを考えると身がすくんでしまう。


ベスと住んでいたアパートメントを引っ越したとき、生まれて初めてひとり暮らしをすることになった。解放感を味わえると思ったら、孤立するきっかけになった。孤立するということは昔の依存症に戻る招待状のようなものだと、〝僕たち〟の誰もが知っている。

僕はガールフレンドたちと別れ、バンド仲間とも縁を切り、もう動物保護施設でも働いていなかった。独立してアパートがオフィスだった。ときにはシャワーを浴びなかったり、四、五日外に出なかったりした。僕は酒を飲まなくても酔っぱらいのように行動する〝飲まない酔っぱらい〟で、治療プログラムにも行かなかったので当然その効果もなかった。ただスリルを求めていた暴君だった。

もうマリファナにも酒にも薬にも溺れていなかったが、相変わらず〝欠けた部分を埋める〟必要があり、ついにこの無意識の目的が文字どおりの目的になった。突然あきれるほど大量のファストフードを食べるようになったのだ。

食べることに夢中で、その過程が記憶から抜け落ちることもあり、知らぬ間にファストフード店に入って、気がつくと帰りの車を運転していたこともある。もっともこれもデブの持ち芸のうちだと開き直り軽く考えていた。

でも、少し分析してみよう。バーガーキングの特大ハンバーガーにチーズを添えると一〇六一キロカロリー、脂質が六八グラムだ。僕はランチにこれを二個、さらにチキンサンドイッチ（七五〇キロカロリー、脂質四五グラム）、シェイク（七六〇キロカロリー、脂質二四グラム）、フライドポテト二個（一個につき五〇〇キロカロリー、脂質二四グラム）を食べていた。しめて四六三二キロカロリー、脂質二五三グラムだ。

この本のために計算してみたが、今の今までこんな計算はしたことがなかった。また別の機会に夕食のカロリー計算をしてみるとしよう。

うちの鏡はどれも首から上しか映らなかった。ほかの部分を見たくなかったからだとしても、誰も僕を責められないはずだ。

だがあるときアパートの建物が消毒されることになり、何日か外泊しなくてはいけなくなった。友人のケイトが夫と街の外に住んでいたので、猫たちを彼女のところに連れていった。縄張りがごたごたしている間も日課を守れるように、僕はできるだけ猫たちを遊ばせた。

ベニーは遊びをのぞき見して喜ぶタイプだ。彼はヴェローリアが夢中で遊ぶ姿を見て、落ち着きを取り戻したようだった。僕は二匹のどちらにも注意を払いつつ、ヴェローリアにおもちゃの獲物を追いかけさせた。彼女はすばらしいハンター兼ジャンパーで、僕を誇らしい気分にさせてくれる。一方、ベニーは謎めいた表情で見ているだけだ。僕が釣竿の先に羽毛のついたおもちゃでヴェローリアを追いかけていくと、彼女はバレリーナみたいにぱっと体を伸ばして空中で羽毛をつかんだ。

僕は最初、この遊びを地下室のオフィスを歩きまわりながらやっていたが、息切れを起こして途中から椅子に座っていた。その椅子に座ったままヴェローリアを褒めていると、ベニーの見ている前で彼女が羽毛をくわえて逃げ出し、カラカラと竿を引きずって走っていった。

そのとき僕の目にちらっと何かが見えた。この地下室のオフィスの明かりはデスクのスタンドだけで、ほかの真っ暗な部分とは両開きのガラス扉で仕切られている。扉にスタンドの光が反射して、二つのおぼろげな像が映っていた。

ひとつがベニーだというのはすぐに分かった。だが、もうひとつの人間と思われる像が誰のものなのか、一瞬分からなかった。扉に映った自分の姿を見て、僕は首をひねった。

「おまえは誰だ？」

何年も頑張ってどうにか自分自身を保ち、この限りある命を収めた肉体の所有権を確保してきた。ところが今、その肉体のほうが誰のものかも分からなくなっていた。

一瞬にして、僕の心は深い谷間に真っ逆さまに落ちていった。自分のまわりで水流が渦巻き、岩がぐんぐん迫ってくるのが感じられた。メリケンサック（指にはめる金属武器）をはめたこぶしで目を殴られたように、目の前が真っ白になった。まるでゾンビのように見えないパンチの嵐を交わしながらヨロヨロ歩きだした。

「知ったことか。どうでもいい。どうせ僕はもうおしまいだ」

僕は食べ物に向かって言った。

「勝負はついているんだ。もうダイエットはやめたのさ。四十キロ落として五十四キロ増やした。この闘いは負けだし、この先も勝てっこない。だから殺したいなら殺せばいいさ。知ったことじゃない。これで満足? でも知ってるか? おまえたちは僕を殺しはじめたと思っているだろうが、僕はもうとっくに死んでいるんだよ」

それからの九カ月間で、僕は体重を三十八キロ増やし、とうとう百八十一キロになった。

その間、ジーンと僕はいろいろなことを乗り越えた。ただ二人の人間が同じ仕事を同じ気持ちで共有しつづけることはむずかしい。ビジネスパートナーがいる人なら、よく分かるはずだ。まだ僕たちは恋人同士のほうがよかったのかもしれない。

とにかく一緒にいる時間が長すぎた。どんなことも二人で考え、どんな支払いも二人で判断した。僕たちの考え方は完全に一致していた。ところがジーンが心臓の病気から回復していた時期に、僕は反感を募らせていた。

一日の終わりになると、彼女からすれば、僕が自分の役割を充分に果たしていないと感じてしまう。一方僕は、デスクで三回も書き直した書類を前に睡魔と闘っていると、〝ジーンは何時間も寝られていいよな〟と思ってしまい、冷静ではいられなくなる。

こういう精神状態は大きな問題をはらんでいた。フラワーエッセンスはエネルギーが重要な商品だ。不愉快なことを考えながら作っていたら、悪い要素が入り込んでしまう。だから、この負の連鎖だけはどうしても解決しなくてはならなかった。

ある日帰宅してベニーと遊んでいると、彼が明らかにいつもと違う表情で、奇妙な動き方であとずさりをした。それから三十秒もしないうちに吐きはじめ、さらに何か大きな変調があったらしく、今度は壁にぶつかりはじめた。口から泡を吹いている。猫がこんなふうになるのを見たことがない。

僕は重たい身体で車に飛び乗り、猛スピードでベニーを二十四時間診療の動物病院へ連れていった。車中でもベニーは口から泡を吹いている。僕はパニックに襲われながらもずっとベニーを撫で話しかけていた。病院に着いて診察台にのせられると、たちまちベニーは死にそうになった。

「いったい何があったんです?」と獣医と助手が同時に聞いた。

「分からないんです」

「状況を話してくれなければ、こっちだって分かりません!」

助手が叫んだ。彼はベニーの喉にチューブを通そうとしていたが、どうしてもうまくいかない。ベニーのけいれんは見るからに痛ましく、もっと悪いことに医者たちは困惑していた。

「あの、二週間前に歯の治療をしたんです。なかなか麻酔から覚めませんでした。強すぎたのかもしれない。何日か調子が変でした」

「じゃあ、原因はそれかもね。今の話を聞くかぎりでは、隠れた心臓の疾患があるのかもしれない。これは心臓発作に違いないわ」

そして見ている間に、ベニーの心臓が止まった。

すぐに強心剤が打たれベニーは生き返ったが、すぐにまたぶくぶくと泡がふき出してくる。このどうしようもないパニックと絶望のなかで、ベニーに尋ねたのを覚えている。

〝もう逝かせてほしいのか?〟

するとけいれんが止まり、彼が生気のない目で僕を見つめた。僕には分かった——なぜか分からないが、とにかく分かったのだ。ベニーは〝まだ心の準備ができていない〟と訴えていた。獣医は逝かせてやるほうがいいと言ったが、僕は受け入れなかった。

「いいえ、治療を続けてください」

獣医はあきれた表情をしたが、それからベニーの命を救うために何時間も奮闘した。獣医は何度も「お別れを言ったほうがいいわ」と言いつづけた。ベニーはもう一度死んで、また生き返り、酸素テントに入れられた。僕は戸外に出てへたり込み煙草を吸っていた。最悪のトリップ体験のような六時間が経過し、ようやく助けを呼ぼうと思いついた。

勘違いしないでほしい。呼べる人はたくさんいる。友人、依存症治療プログラムのスポンサー、バンド仲間、HSBVの元同僚、コンサルティングをはじめて数年間で知りあった獣医たち。ただ、自分はひとりじゃないという考えがすぐには浮かばなかっただけだ。

　これもまた典型的な依存症者の思考行動だった。依存症になると、人は驚くほど孤立していく。みんなと盛り上がっていたのに、ひとりでドラッグを手に入れ準備して使い、そうしていつもひとりでハイになり、すべての儀式を自分でこなすようになっていく。やがてドラッグと手を切って感情がよみがえり、それを実感しはじめると、今度は頭の片隅で今回もひとりでやったほうがいいと告げる声がする。

　どんなことでも表に出すのは恥ずかしい。僕はクロノピンと縁を切っていた。ジェンとはすでに別れていて、僕は孤独だと感じていた。でも、それ自体はパニックに陥る原因にならない。ただ、ひとりぼっちだというだけだ。

　ところが、ふと、ある考えが浮かんだ。ジーンを呼べばいい。気乗りはしなかった。共同経営が破綻しそうだったその時点では、彼女とはビジネスだけの関係でいたかったからだ。しかしその瞬間の僕は、〝彼女がいないとどうしていいか分からない。なんとしても彼女が必要だ〟と感じていた。そこでジーンに電話をかけると、彼女は車を飛ばしてわずか十五分で駆けつけた。そして大騒動がはじまった。

　ジーンは診察室に入ってきてベニーを見るなり、バッグを置きもせずに僕に言った。

「これは心臓発作じゃないわ。何かを詰まらせているのよ」

「そんなはずないわ」と獣医が言った。

「レントゲンで確かめられませんか?」

「明らかに心臓に異常があるのに、この状態でX線にかけたらストレスで死んでしまうわよ」

獣医は僕たちの意見をまったく聞き入れなかった。

だが、ついにその獣医の担当時間が終わり、交代の獣医がやってくるとベニーを見て言った。

「どうかな。心臓病かもしれないし何かを詰まらせているのかもしれない。どっちにしろ死にそうだ。とにかく助ける方法を探さなければ」

そこでベニーをX線にかけたところ、やはり何かが喉に詰まっている。ベニーは体重が三キロそこそこの小柄な猫だ。しかし画像に映った何かの大きさに目を疑った。が同時に答えが見つかってほっとした。

「まさか、ミニカー?」

のみ込んだモノが体のサイズくらいのものだと言わんばかりの口調で、僕は言った。

「何でもいいけど、それを出さなくちゃ」とジーンが言う。

「ここには内視鏡がないんだ」

交代の獣医が穏やかに告げた。二十キロ先の別の動物病院に移動し、外科医を起こして――もう午前一時だ――ベニーに内視鏡検査をしてダメージの度合いを確かめる。それが唯一の選択肢だった。

問題はベニーがすっかりおびえていて、車に乗せたら最初の獣医が願ったとおりの心臓発作を起こしかねないことだった。そうなると眠らせるしかないが、全身麻酔は論外だ。僕のポンコツ車の後部座席に、むき出しの酸素ボンベをのせて走るわけにはいかない。そこで獣医と助手はベニーに注射の麻酔を打っておとなしくさせ、喉にチューブを差し入れた。喉がほとんどふさがっていることを考えれば、これは大した技術だった。ジーンがぐったりしたベニーの体を左手で抱え、右手で人工呼吸用マスクのバッグを握ってリズミカルに空気を送りながら後部座席に乗り込んだ。

ジーンが〝もっと早く！　早くして！〟とわめき、僕はポンコツ車を宇宙ロケット並みのスピードで飛ばした。注射の麻酔はおよそ二十分。目覚める前に着かなければ！　僕はボールダーからホイートリッジまでの四十キロをわずか十二分で走りぬけた。

病院に着くとジーンが建物に駆け込んでいき――これこそ猛烈ジーンの本領発揮だ――かごに入ったベニーをカウンターにのせて言った。

「この猫は内視鏡検査を受ける必要があるの。今すぐに」

受付の男が答えた。

「では、その前に」

「今すぐよ！」とジーンが吠えると、逆らおうとする者はいなかった。

ジーンが僕たちを手術室へ連れていった。するとベッドから引きずり出されたばかりの外科医が、驚くほどテキパキとベニーの喉に内視鏡を滑り込ませ、そこにあるものを見せてくれた。毛玉だった。

あんな超特大の毛玉は、僕も生まれて初めてお目にかかった。今でも写真を持っている。治療費を考えたら、額に入れて飾っておきたいくらいだ。

医者が毛玉を取り出したとたん、ベニーは血色が戻って呼吸をはじめた。医者はもうひとつ毛玉を取り出し終了した。ベニーは回復室に入り、内臓機能が正常に戻るまで三日間入院した。費用は三千六百ドル（およそ四十万円）。

なぜ覚えているかといえば、クレジットカードの限度額を超えてもかまわないと思った日だったからだ。そうまでしても生きてほしいと思った日だった。たしかに、ドラッグのためにクレジットカード詐欺をした記憶もよみがえったし、かつての僕だったら一度に三千六百ドル分のドラッグを手に入れるには何をしていただろうかとも考えた。でもベニーの世話ができる人間になるということは、つまり保護者の責任を全うできる人間になるということだ。

とうとう……ドラッグと完全に縁が切れたのだ。

翌日、僕はジーンと話し合った。反感をもってではない。彼女が僕の人生にもたらしてくれたものすべてに深い感謝を表しながら話をしているうちに、二人の関係が変わった。僕の人生にとってかけがえのない存在として、どれほどジーンを愛しているかを思い知らされた。

数年前、ＨＳＢＶから人生の次の段階に進むとき、彼女が僕を受け入れ手をとって導いてくれたことも思い出した。そのうえ、人生で本当に大切なものに気づかせてもくれた。僕たちの事業がバラバラになりつつあったことなど、もうどうでもよくなっていた。

僕はジーンのためになる方法を探り、彼女に有利な条件で手を打とうと思った。スピリットエッセンスとリトル・ビッグキャットにおける彼女の権利を買い取るのだ。

ジーンはこの提案を快く受け入れてくれた。会社を完全に自分のものにすれば、僕は彼女のために働いているという反感を覚えずにすむ。自分のために働くことになるからだ。

強迫神経症の自分に別れを告げて

そのころ、僕はもうファストフードのドライブスルーで記憶をなくし、友人に冗談を飛ばすことはなくなっていた。それどころか文字どおり食べ物に溺れ、二十四時間食べてばかりいた。食べながら眠ってしまったこともある。人間にそんなことができるとは、われながら驚きだった。

麻薬を切らさないように確かめるのと同じだ。マリファナ煙草の残りが四本になるまで待たないし、コカインが三筋になるまで待たないし、ワインの中身が四分の一になるまで待たないし、煙草の残りが二本になるまで待たない——。それと同じで、ピザの残りが二枚になるまで待ってはいられない。すべてを前もって準備しておく。いつでも三歩先を考えることだ。

僕はフライドポテトのLサイズを四個買った。そうすれば、その場で二個食べ、夜になってから二個食べられる。人から意見されることもあったが、僕は見事に耳を貸さなかった。

「今日は何をしているの？」

母があるとき電話口で聞いてきた。

「ええと、ショッピングモールへ行こうとしたけど、今日は足が靴に入らなくてさ」

長い沈黙のあと、言った。

「それって、どういうこと？　今日だけ？」

「いやあ、ここんとこ足が大きくなってさ。靴を履くと窮屈だから裸足で歩いてるんだ」

「ジャクソン」

母が慎重に切り出した。

「それは浮腫よ。心臓のせいかもしれないわ。すぐに病院へ行きなさい」

病院へ行くことは新たな面倒を意味する。そこで僕は答えた。

「オーケー、明日行くよ」

「いいえ」

母は、今度は落ち着きを装った口調で言った。

「今すぐ行かなきゃだめよ」

「もう週末だよ。緊急救命室に行くしかないけど、それじゃ治療費を払えない」

「そんなこと言っている場合じゃないのよ」

間違いなく母は歯を食いしばったまま話していた。言い訳をする隙を与えてくれず、結局僕は病院に行き、母が言ったとおり浮腫という診断を受けた。今でも足にむくんだ跡が残っていて、破裂した血管が見えているところもある。

　実家に帰ると、家族は僕が太ったなどとは絶対に言わない。だが糖尿病の父が、ことあるごとに僕に血糖値を測らせようとする。

「父さん、そんなことをするなんて口うるさいじいさんみたいだよ。やめてくれって。僕は病気じゃないんだから」

しびれを切らした父はある朝、とうとう血糖値測定器を片手に、僕のベッドのまわりをうろつきはじめた。目を開けると父が立っていた。僕は縮みあがり、あきらめて父に言った。

「分かったよ、いいから血をとれよ」

測定が終わって数値を見ると、父の顔から血の気が引いた。僕の血糖値は四百ミリグラム前後。すぐに分かったが、それはべらぼうに高い数値だった。

父は息子の命の心配と責めたい気持ちとの間で葛藤していた。これはいつもの心配性とは次元が違う。僕は本当に糖尿病だったのだ。それでも僕は何の手も打たず、ドミノは倒れつづけた。特定の数値を超えた時点で、身体は一気にだらける。思いやりのない雇い主のために身体が残業してくれなくなるのだ。

「あなたはかなり大柄よね」

ベニーが行く動物病院で久しぶりに会った友人が言った。彼女の夫は睡眠時無呼吸症候群だ。

「それに起きているためにコーヒーを飲みすぎて、目がしょぼしょぼしてるわ。見れば分かる。睡眠検査を受けたほうがいいわよ」

僕は目をくるりと回してみせた。〝そんな暇はない〟という意味だ。

「命に関わるのよ。分かっているわよね?」

「ああ。でも忙しいんだよ、本当に」

結局だめな自分に抗議されながらも、睡眠検査を受けた。その結果、僕は一時間に六十回の無呼吸発作を起こしていて、その間三十秒以上も息を止めていたことが分かった。つまり一時間に三十分以上も呼吸していなかったことになる。そして発作中はレム睡眠に入れない。僕はほとんど眠っていなかったのだ。

睡眠時無呼吸症候群と診断を受けて、いわゆる〝マスクとホースのシュノーケル〟をつけられ、ばかげた機械につながれたまま眠らなくてはならなかった。もっともこの大層な代物はすぐに床に放り投げられることにはなるが……。

血圧もべらぼうに高かった。痛風の症状もひどく、僕は家にいるときも外出するときも杖が手放せなくなっていた。ある晩スーパーマーケットに入ろうとしたら、車体の高いジープが急ブレーキを踏んで、僕と、横断歩道を渡っていた美人の前で止まった。僕はジープのヘッドライトの前を〝歩いて〟通り過ぎた。杖を二本持っていたのは、両足ともぼろぼろで使い物にならなかったからだ。

ロゴ入りのジャケットを着た高校生がジープの運転席から怒鳴った。

「さっさと歩け、このくそデブ!」

僕がよたよたとカートを取りに行き、さっきの美人のほうを向くと、彼女は嫌悪と同情の入り混じった表情でこちらを見ていた。以前の僕だったら、彼女にちょっかいを出しただろう。しかしそのときは美人のきれいな顔が鏡になって、自分が太って壊れた孤独な人間だということを思い知らされた。

僕は、出会い系サイトからお得意様だと思われるタイプの人間だった。デスクの前から一歩も動かずに誘惑のスリルを味わい、長時間ネットサーフィンで過ごし、〝この人〟が僕にとって特別な人になるんだよ、とベニーとヴェローリアに話しかけたりした。

問題が起きたのは、女性たちと会ったときだった。魔法は次から次へとはかなく解けていく。たとえ僕みたいなろくでなしでも、お互いの気持ちが合わなければイヤだ。あれは最低の気分だった。六週間もネット上で曲芸のように自分をアピールし、僕の体重にかまわず会ってもいいという女性たちと会い、でも結局は魔法が解けていくのを思い知らされる。ベニーとヴェローリアの冷めた視線を背に、さりげなく彼女たちを部屋から追い出す。僕はどうしても嘘がつけなかったのだ。

ところがジルの場合はまったく違った。

アーティスト面をして見栄を張らなくてもよかったし、自分の主義主張をひけらかさなくてもよかった。彼女はそうしたことをまったく気にしなかった。ジルにとって大事なことは笑いと欲求であり、この二つが僕の凍りついたモーターを再点火してくれた。

僕たちはメールで知りあった日から、お互いの言うことに思わず吹き出し、発作を起こしたかのように大笑いした。〝ジルは探し求めてもずっと見つからなかった家族のような存在だ〟と、すぐに気がついた。体重はごまかさずに百八十一キロと言えたし、ジルがそれを気にしないのも分かっていた。

彼女には家族や友人がいて定職もあった。つまりイカれた人間ではないということだ。彼女はロサンゼルス郊外のリドンドビーチでドッグウォーカーとペットシッター派遣のビジネスをしていた。ハイスクール時代にヨーグルトショップで経験したアルバイト以外は、動物関連の仕事しかしたことがないという。

初めて顔を合わせたのはラスベガスだった。頭を使わずにすむ場所だ。たとえ相手とうまくいかなくても、あの街なら依存症者を慰めるものに事欠かない。まずはギャンブルと食べ放題のレストランに行くことになるだろう（むろんそれだけではない）。

スマートに撤退すべき場合に備えて、友人のエイミーに協力を頼んでおいた。予定の時間に電話が鳴り、僕はベニーの具合が悪いと知って大至急引き返すことになる。これならジルも気を悪くしないはずだ。だが結局、撤退する必要はなかった。僕たちは大いに笑って、一緒にホテルのキングサイズのベッドに倒れ込んだ。

本当にありがたかった。なぜなら保険会社から、僕のせいで大金を失いつつあるから、何がなんでも胃バイパス手術を受けろという連絡を受けていたからだ。その手術を乗り越えるために、心から信頼できる人間ができたのだ。

一方ベニーは、僕に歩調を合わせるかのように、食事の問題が出てきた。たとえば水を飲まなくなった。喉が渇いているかどうかにかかわらず、水を飲まないのだ。

もともとウェットフードは食べず、ドライフードばかり食べていた。だから僕のいらだちは言い表すことさえできないが、それはまた別の問題だ。要するにベニーは水だけで水分補給をしていたので、水を飲まないと脱水状態になる。これは実に危険で、案の定ますます毛が抜け落ち、すっかりつやがなくなってしまった。

ある日、ふだん使っている水の容器がどれも食器洗い機に入っていた。ベニーはグラスにきらめく水の反射に引かれたのか、僕が使っているグラスに近づき、突然その中に顔を突っ込んで、むさぼるように水を飲んだ。

僕は湧きあがる疑問に目をつぶり、同じように光を屈折させるガラス製のアイスクリーム皿を何枚か買い込んできた。ベニーがもっと水を飲んでくれるなら、そして縄張りを増やしてくつろいでくれたら……という二重の願いをこめて、その皿を家じゅうに置いた。

予想どおり、ベニーは水を飲んだ。だがいかにも彼らしく、ちょっとでも皿がずれると、もう飲もうとしない。そこで最初の何週間かは、皿の置き場所にマスキングテープでしるしをつけなくてはならなかった。サイドテーブル、僕のベッドの隣、ナイトテーブルなどにしるしをつけていくと、やがて部屋の中がマスキングテープとアイスクリーム皿だらけになった。

ベニーはまた、これまでより激しく毛を抜きはじめた。僕はもう彼のことが分からなくなった。それまでは、毛を抜くのは怒りが我慢できないときだった。ベニーを自傷行為に追いやるものは強烈なストレスだ。

見過ごしてもいい猫の行為はいくつかあるが、これは見過ごせない。傷が残るし、血が出て毛が抜ける。ベニーをつかまえて正気に戻すと、自力ではやめられない破壊的な儀式を見つかってしまったかのように、恥じる様子を見せた。

僕の解釈は猫を擬人化して推測したもので、なぜそれが今でも猫の深い共感を得られているのかは自分でもよく分からなかった。しかし、そのとき僕は気づいた。僕がベニーから読み取った表情は、スーパーマーケットの駐車場で僕が美人に向けていた表情と同じだった。

高校生にデブ呼ばわりされた僕が店内で冷凍ピザを二枚買うと、あの美人は同情するように〝ほかのものを買ったら？〟と言いたげな表情で僕を見た。あれはベニーが壁に頭をぶつけた翌日、僕が彼に向けた視線と同じだった。

僕たちはどっちも強迫神経症だ。僕は今度もベニーを助けられない。自分自身がそこから脱するまではだめだ。つまり、物事をきちんと実行しなくちゃいけない。それができないと飼い主のストレスがペットにも表れるようになる。親の心理状態が子どもに影響するのと同じだ。

もし誰かと人生を共に過ごすなら、早いうちに自分の欠点を把握しないと、相手を苦しませてしまう。ベニーは苦しんでいた。彼の弱みが僕自身の弱みだと、僕はいつになったら気づくのだろう？

胃のバイパス手術の予約と手術日との間には、長い待機期間が必要だった。その間、患者は精神鑑定と講習を受ける義務がある。

手術日が近づいたころ、僕はオーバーイーターズ・アノニマス（摂食問題からの回復を目指す自助グループ）のミーティングに通い出した。ところが反対に体重が増えてしまった。だめな自分が顔を出して騒ぎ立てたせいだ。出席義務のある講習は術日の十週間前にはじまった。義務があるということは、一回の欠席でアウト、手術を受けられなくなるということだ。

最初の講習の数日前、僕はジルに電話をかけた。

「ほら、なんていうか、分かるだろ。胸が締めつけられてさ……」

「胸痛があるってこと？」とジルは聞いてきた。

「いや、胸痛ってわけではないんだ。だから……気管支をやられた感じかな」

「足のほうはどう？　靴を履けるようになった？」

「いや、だめだ」

「お医者さんに電話しなくちゃ」

またしても医者の話だ。

「冗談抜きで医者には電話したくない。もうこの話はやめよう」

だがジルは僕を話に引き戻した。結局、医者に電話をして「胸痛」と「足のむくみ」と言った途端、電話が切れ――こちらから切った覚えはない――サイレンの音が近づいてきた。

こうして僕の耐えがたいデブ歴のどん底がやってきた。エレベーターのない建物の三階にいた僕は、階段を歩いておりるのを制止され、車椅子に乗せられて自宅を出た。三日間の入院だった。最初の晩に医者自らが僕の睡眠検査をした。翌朝、彼が心電図のデータが記録された長い紙を持ってきた。

「この線が見えるね?」と医者が言った。

「はい」

「これがあなたの睡眠だ」

「なるほど」

「次にこちらを見てほしい。ここで三十七秒間、心臓が停止している」

なんてこった。

「僕、死んでたんですか?」

「まあ、ひと休みしたと考えるほうがいいね」

「ひと休みした?」

僕は間違いなく死んでいたんだ。誰がどんなふうに言おうと関係ない。天国のまぶしい光が見えていたに決まってる。

入院三日目は講習の初日だった。そこでバンドのドラマーに車で迎えに来てもらい、会場に駆けつけ、入院患者用のリストバンドを巻いたままで講習に参加した。絶妙のタイミングだった。病院のリストバンドをつけた僕は、ほかの講習者と向かい合って座っていた。さまざまな段階の、今にも死にそうな四十人と。

僕はリストバンドを噛み切って、ほかの連中のほうが自分よりはるかに具合が悪いと思い込もうとした。以前ドミトリからクリスマスと唇のやけどの話を聞いたときのように。だが、事実は事実だ。僕たちはみんな死にかけていた。

同時期にリハビリをはじめる人たちを集めた部屋に入ったら、彼らの顔を見まわしただけで依存症患者とはどんなものかが分かるだろう。誰もがもじもじして、禁断症状の治療中で、ドラッグ依存症だ。しかし今、僕がいるこの部屋の人はみな、顔の血管が破裂したり、ふくらはぎやくるぶしの血管が破裂したりして杖をつき歩行器を使い、酸素ボンベを持ち歩いていた。

ひとり残らず、食べ物のせいで死の危機に直面している。だがとにかく学び、悪循環を断ち切るという考えを受け入れさえすれば、もう二度と特大ハンバーガーを見なくても生きられるかもしれない。

胃の手術は腹腔鏡を使用したので腹を切られなかった。胃（この時点でスイカ大だった）と小腸の一部にバイパスをつけて、腰骨のすぐ上に卵大の新しい〝胃〟の袋を作る手術だった。

これには妙な副作用がある。満腹になっても腹には入っていないので変な感じがすること。一方で胃酸が出ないので胸やけがしないのは最高だ。マイナス面として、食べ物がうまく吸収できない。たらふく食べても、大半の栄養素は別にとらなくてはならないし、たんぱく質もカルシウムも鉄分も補給する必要がある。僕はそれを怠けるようになった。

退院した僕は、帰宅してテレビの前で泣いていた。情けない話だが、泣きながらベニーに訴えていたのだ。

「ターキーサンドイッチが食べたい、ターキーサンドが食べたいよ」

これを何度も何度も繰り返した。ひたすらターキーサンドが食べたくて、それなのにもう一生食べられないのだと思い込んでいた。そして僕はジルに電話をかけるというミスを犯した。

彼女は「大丈夫よ、お話ししましょう」というタイプではない。ジルの家系はドイツからノースダコタ州という経路をたどっている。つまり家訓は「くだらないことをグチグチ言ってないで、さっさと泣きやめ」というものだ。まさにそのときの僕に必要な言葉だった。

言うまでもなく、僕の体重はどんどん減っていった。一日数百グラムの日もあれば、一キロの日もあり、結局は七カ月ほどで四十五キロ以上減量した。そうなると体形が崩れ、自分とは思えなくなる。僕はもう〝大男〟ではなくなった。筋肉がそげ落ち、髪はすっかり灰色になってしまったのだ。それでもデブでいるよりはましだった。

初めてドラッグと縁を切って二年くらいは、テレビでドラッグを使用している場面を見られなかった。マリファナを吸ったりコカインを鼻で吸ったりという映像は、どれも僕をそそのかすものだった。ドラッグをやっている夢まで見て、喉の奥でコカインを味わいながら目覚めたこともある。

だが食べ物の夢を見るほうがはるかに多かった。おそらくこちらは悪いことだと思っていないからだ。僕はちょっとばかり食べすぎたが、それは違法行為じゃない。しかし食べないわけにはいかないのだから、食べ物は〝一生つきあっていかねばならない悪魔〟と呼んでもいいのかもしれない。

僕はプログラムに参加していたものの、全力で取り組んでいたわけでもなく、体重の一部が戻ってしまった。あるいは禁煙したのも逆効果だったのか。それでも落ち込まずにプログラムに参加しつづけたのは、減らした分の体重が完全に戻ってしまった人たちに会えるからだった。そんなことになったら、文字どおり死んでしまうかもしれない。だが依存症というのは、それほど強力なものなのだ。

ある男は手術の二週間後、まだ柔らかいものしか食べられないころに、チリチーズバーガーをミキサーにかけてスムージーにしたものを、ふたのついたカップに入れて職場に持っていき、ちびちび飲んでいたそうだ。彼は友人とデニーズのような場所に出かけるときは、クラッカーを袋で持参した。クラッカーを食べれば〝胃〟の袋がふくらみ、さらにソーダを飲めばますますふくらむので、食べ物を押し込める。そのうち彼は席を立ってトイレで吐き、それを延々と繰り返すようになったらしい。

体の中に袋をつけたからといって依存症は治らない。それが依存症であり、依存症患者というものなのだ。

僕が手術を受ける前日の写真がある。笑ってはいるが、表情にはなんとも言えない苦痛と敗北感がただよっていて、もう二度と見たくないと思わせる顔だ。絶対にあの状態には戻りたくない。自分がよだれを流している写真やふらついて歩いている写真、ハイになっている写真も見たことがある。しかし、僕はなぜかそうした写真をきれいに忘れていた。理由は自分でも分からないが、食べ物であんなふうには絶対になりたくないと思う。

たしかに僕は今までいろいろな依存症になってきた。でも過食症はほんの幼いころに身についてしまったものだし、おまけに僕を殺しかけたものだ。また麻薬でハイになるかもしれないし、また酒を飲んでしまうかもしれない。そして急転直下、再び依存症になる。その可能性とそうならない可能性は五分五分だと、毎日身にしみるほど感じている。

ただしこれだけは約束できる。過食が再発して体重が三十キロほど増えたとしたら、僕はもうこの社会に戻ってはこない。九十キロ増えたら死ぬ。自殺する。別に大げさに言うつもりはないが、体重が百八十キロ以上になって、以前のつらい思いを繰り返すとしたら、そのまま死ぬか自殺するかのどちらかしかない。もう二度とあんなことをするのはごめんだからだ。

シュガーとスパイスのケース

手術を受けたあと、最初に受けた相談の電話はボストンの弁護士フィルからだった。彼がどんな分野の法律を手がけているのか見当もつかないが、金になるクライアントであることは間違いない。自己紹介のあと、自宅がどれほど大きいかを事細かに教えてくれたからだ。

僕を貧乏人の気分にさせてから、フィルは本題に移った。フィルが長い間飼っている猫がシュガーというので、新入りはもちろんスパイスと名づけられた(「シュガー・アンド・スパイス」には、かわいいという意味がある)。

スパイスは近所にいた野良猫で、フィルはかなり苦労して彼女を家に連れ帰った。スパイスはとても愛らしい子猫だったのだが、シュガーは彼女を殺そうとした。ボールダーにいる僕に電話で助言を求めても埒(らち)が明かないと悟った(騒動の内容を詳しく聞いて、僕も同感だった)フィルは、こう申し出た。

「ボストンまでのファーストクラスの航空券とホテルのスイートルームを手配しましょう。報酬は千二百ドル+経費で。私と妻と猫たちと一緒に週末を過ごしてもらって、その間になんとかしてください」

これほど高額の依頼を受けたのは初めてだった。ポケットに入れたことがある現金なんて、多くてせいぜい二百ドルだ。肉体労働ではなく、好きな仕事をして週末で千二百ドル稼ぐのは、人生が正しい方向に向いているという宇宙からのメッセージに思えた。

そこで僕は快く承諾し、ボストンに出かけた。フィルは空港で僕を出迎えると夕食に誘い、ウィットに富んだ話し方で事情を説明した。自分は子どもが嫌いなこと、あまり他人を受け入れることができない性格だと言ったが、この問題については真剣に思い悩んでいた。しかも結婚生活までが、そのせいで危機に瀕しているという。

彼の妻は子猫の引き取り手を探せばいいと考えているようだったが、フィルは二匹とも飼えると信じ込んでいて――たしかに、どうしてだめなんだ？――妻に〝お願いだ！　あの子を受け入れてくれ！　あの子猫を愛しているんだよ〟と懇願しているらしかった。

フィルの家に着くと、ひとりで猫たちに会わせてほしいと言う暇もなく（早くそう言えばよかった）、郵便番号が単独で取れそうな広大な家を案内された。物が散らかっていない豪邸はなおのこと広く見え、あらゆる場所でまっすぐな線とさまざまな色調の白が強調されていた。ゴルフコースのように整備された庭がある美しい家。まったく僕にしてみれば、見たことのない異次元の世界だった。

猫たちと対面して十分後、これはまさに僕にふさわしい仕事だと思ったが、一筋縄ではいきそうになかった。先住猫のシュガーは、本気で新入りを殺そうとしていた。ふだんの僕なら楽天的に〝シュガーが本気でスパイスに死んでほしいと思っているなら、スパイスはとうに死んでいます〟とでも言うところだが、フィルが二匹を隔離してこなかったら、スパイスは本当に命がなかっただろう。だがフィルは何がなんでも仲よし一家になると決めていた。

そこで僕は到着して二十四時間で、猫同士を紹介し直すありとあらゆるテクニックを駆使したが、自分でも形式的にやっているような気がした。今まで自分を守ってくれていた巨体を失い、世界が近づいてきて……どうしていいか分からなかった。これがありのままの自分になるということなのだ。

もう月並みな助言を与えてはいられない。たしかに多くの動物行動学者や獣医、医者たちはすでにインスピレーションを失っていて、型どおりの仕事をしている。そうさ、割り切ってしまえば、遠方から電話でもメールでも、その両方を使ってでも用はすんでしまうのだ。彼らはそうやって「よく分かりました。あなたのケースはAかBかCです。だからこう対処すればいいんですよ」と、二十年間そらんじてきた同じ答えを提供する。

だが僕にはそれはできない。真相は時間をかけて明かすもので、〝待ってました〟とばかりに突きつけるものではない。もうあと戻りはできない。真実が分かれば、猫をより理解するだけでなく、どんな心の状態に対しても寛大でいられるようになる。

しかしフィルの家では猫の心理学だけでなく、人間にも心理学的アプローチが必要なようだっ

生活にルールをつくろう

ずっと居場所を交換させつづけるのは意見の分かれる案だ。どの猫にも、いつでも空間を平等に利用させるべきではないだろうか。完璧な世界であれば答えはイエスだ。

この世界では、人間には相性の悪い猫同士の仲をとりもつことはできない。仲の悪い二匹とも飼いたい場合、しっかりとした生活ルールをつくるしかない。ある晩一匹があなたと一緒に寝たら、次の晩は別の一匹と寝る。

猫の世界ではこのやり方はオーケーだ。それがいやなら、どちらか一匹を誰かに引き取ってもらうしかない。ここで肝心なのは、あなたではなく猫たちにとって何が最善かということなのだ。

た。その夜、僕はホテルの部屋からケンに電話をかけた。

「僕は一生懸命頑張っているんだ」

「頑張らないほうがいい。世界を思いどおりにしようと努力しても、そんなことはできない」

「いや、そうじゃなくて。打つべき手を打っても、猫たちが仲よくしないんだ」

「ジャクソン、仲よくしないのは猫じゃない。宇宙がきみにこれを解決させたくないのさ。解決しない運命なんだ。猫たちはお互いに嫌ってることを伝えているのに、誰も受け止めないからだよ」

僕はケンの意見を受け入れたくなかった。フィルと妻のジェシカ、そして猫たちがいつまでも幸せに暮らす姿を想像して、フィルと同じく心を決めた。何があろうと、この心に描いた絵を現実にしてみせる。食べ物を使って再度引き合わせようと試みたところ、かなりうまくいった。二匹をドア越しとはいえ、六十センチほどの距離に近づけるのに成功したのだ。

ところがドアが開いたり食べ物がなくなったりすると、たちまちシュガーがスパイスを襲う。シュガーは広い家を飛ぶようにスパイスを追いかけまわし、僕はそのあとから階段を上ったり下りたりして、ガレージに飛び込んだところで見失った。そこへギャーッという悲鳴が聞こえた。

翌日、僕はだだっ広いバスルームのひとつにシュガーと一緒にいた。スパイスが走りまわっている間――スパイスは子猫なので、事情など分かっていなかった――シュガーはバスルームに監禁され、隅に置いてあるキャットタワーのてっぺんから、うさんくさそうに僕を見ていた。僕は彼女に話しかけた。

「おい、頼むよ。いよいよネタ切れだ。きみのパパは千二百ドルも使って僕をここに連れてきたんだぞ。このままでは僕は詐欺師になってしまう。きみに助けてもらわないと困るんだよ。あの子猫と仲よくしてくれよ。お願いだよ」

声がどんどん切羽詰まっていった。心が通じ合ったと感じた僕は、シュガーをバスルームから出した。が、スパイスを見た途端、元の木阿弥だ。シュガーは脱兎のごとくスパイスを追いかけまわし、ダイニングテーブルの上に追いつめた。フィルはますますピリピリし、事態は悪化する一方だ。フィルのストレスは猫たちに悪影響を及ぼしそうだったので、僕は彼に家から出るように頼んだ。

猫たちを仲直りさせるコツ

仲たがいしている猫たちは、食べ物をつかった方法で紹介しなおす。食べ物は共通の関心事だ。

ドアの両側で同時に食事をさせる。食べているときに相手の匂いだけを認識して、相手の匂いがするときだけ食べ物がある状態にする。すると食べ物と相手が同時になることで、相手への悪感情が改善するかもしれない。

手順としては、二匹のフード容器をドアの両側に置いて食事をさせ、回を重ねるごとに少しずつ近づけていく。やがてドアを少しだけ開けて、対面するイメージを与える。

ここまで来たら、あと一歩だ！　やがてドアが開いていても相手を気にせず、食事をするようになるだろう。

フィルが近所を散歩している間に、彼の妻ジェシカと話し合った。僕と彼女しかいないときは、なぜか猫たちは落ち着いていた。仲良しとまでは言わないが、険悪な雰囲気はないのだ。そこへ陰気な顔のフィルがイライラしながら戻ってくると、すべてが台なしになった。完全な失敗だった。

そこで最終的にはフィルたちには選択肢を与えたが、猫たちが一緒に暮らしたがっているとは思えないと伝えた。僕には彼らの気持ちを変えられない。それは誰にもできない。こんな理解に至ったのは、ドラッグとすっぱり手を切れたおかげだと思う。これは僕が天才だとか詐欺師だとかの問題ではなく、〝二匹の猫と、彼らが何を求めているかという問題〟にすぎないと分かったのだ。

以前のコンサルティングでは雲行きが怪し

くなってくると、僕は基本的な助言だけをして二度と連絡しないでいた。うまくいかないのは明らかで、その理由を検討したくないからだった。

だがこのときは、理由そのものが目の前で見えているのだから、ここでやめるわけにはいかなかった。僕は猫たちの完璧な住み分けを提案した。

「冗談じゃない」

フィルが猛反対した。

「だめだ。絶対にやらない」

〝分かった〟と僕はあやふやな返事をした。

「今のプログラムを続けてもかまわないが……」

度胸がなくて〝きみは猫たちを自慢の種にしたいだけだ〟とは言えなかった。

人というのは子どもや犬や家など、反論できない存在を自慢しようとする。それが家ならオーケーだ。ゴルフコースのバンカーに豪邸を建てて成功したとでも自慢すればいい。でも感情のある生き物を思いどおりにしようとしてはいけない。

六カ月後にフィルから電話があり、その後の顛末を聞いた。彼はジェシカに捨てられた。すべては猫たちのせいだという。フィルはシュガーとスパイスたちと暮らす生活を描いたが、ジェシカには無理だったのだ。

彼女はフィルと別れただけでなく、近所に住む男と親しくなった。フィルの家のサンルームか

誰かに少し助けてもらおう

何年もこの仕事をしてきて、仕事の半分が人間相手のセラピーであることに気づいた。もしあなたが飼い猫をめぐってパートナーとけんかをしているなら、猫にその緊張感が伝わり事態はますます悪くなる。そういうときは、先入観のない公平な第三者の力を借りて解決してもらおう。

ら、元妻とその恋人の姿が見えるという。日曜の朝には新しい彼氏の家でカクテルを飲んでいるのだそうだ。

だがちょっと考えれば誰でも分かるとおり、夫婦は猫のせいで離婚したのではない。フィルは妻の心が離れていくのを分かっていて、幸せな家庭をつくろうと必死だったのだろう。

家の修繕をしたり、キャンドルを灯して食べるディナーと同じように、あの二匹の猫も幸せのシンボルだった。フィルの頭にはあるべき人生のイメージが描かれ、ジェシカも猫たちも自分の思いどおりになると信じていたのだ。

フィルは最高の男だと思うし、僕は彼が大好きだ。今でも彼から電話がかかってくる。ただ残念なのは、あれから十年ほどたった今でも、フィルが二匹の猫を一緒に飼えると思っていることだ。

二匹は十年間、別々の部屋で暮らしてきた。特に大きな問題はなかったようだが、二匹がフィルの失望したエネルギーを感じながら生きざるを得なかったことは、残念でならない。

新たな問題

ベニーは骨盤が折れた状態で僕のところにやってきた。この骨折はベニーにとって大きなトラウマとなり、生理機能を変えてしまった。

前にも爪抜きをすると生理機能がすっかり変わってしまうと述べたが、足の指を切り落とされてしまったら、猫は本来の歩き方が生涯できなくなる。ベニーの骨盤骨折も同じだ。猫の折れた骨盤はリハビリできない。その状態で一生折りあっていくしかないのだ。

ベニーは七、八歳になるころに、関節炎で足が不自由になった。野生で生きる動物は痛みを隠そうとする。弱いところを見せたら一巻の終わりだからだ。ベニーもあまり痛みを訴えなかったが、年をとるにつれ一本の足が委縮し変形していった。そして歩くのにも苦労するようになった。一歩踏み出すと痛みが走るのか倒れ込み、これまで以上に神経質に足をなめるようになったのだ。

また地理的な気候の問題もあった。コロラド州の冬はただの冬ではなく、極寒の冬だ。ここは単なる高地ではなく高山地帯だ。気圧の変化で関節に負担がかかり、ベニーはいつも以上に地にはりつくような生活になった。究極の低所派だ。もうソファやベッドにさえ飛び上がれなくなり、僕は猫用ベッドをいくつも用意して温めておいた。猫用トイレも工夫した。

ラビが糖尿病で死期を迎えていたころ末梢神経障害を患い、飛節（猫の膝頭）でどうにか歩いている状態になった。もちろんトイレの出入りは論外だった。そのとき、僕はラビでも出入りできる子犬用のトイレを見つけてきた。広々として、前面は床から数センチ上に深い入口がついている。あれなら歩行が困難なベニーでも使える。

またしても僕はすべての鍵となるひとつの原因を探しつづけていた。これは原因がひとつしかない問題であり、決して真空に存在する物体を探すような不可能なことではないと僕は結論づけた。

コンサルティングのときも、たとえばある猫がトイレの外で排泄するようになった場合、二つの違う理由があるとは考えない。なぜなら猫が侵入者におびえていて、そのストレスで尿路感染症にかかったとしたら、原因は明らかだろう。

科学的じゃないと言われればそのとおりだが、僕はどのみち科学者ではない。そこで冬なのにベニーが毛を抜いていたら、関節炎の具合を調べることにした。彼がトイレを使わなかったら、関節を動かしてみた。その結果、どうやら痛みはないらしいと分かった。こうしておよそ七カ月かけ、僕は理論を組み立てていった。メモを手にして、テレパシーを使いながら、彼に言う。

「さあベニー、話してごらんよ」

だが症状を集めてホワイトボードに書き出しても――いいかげんに経験から学ばないのか、科学的手法の重要性を説く学者たちをやっつける方法はまだ見つからないのかと聞かないでくれ――つじつまが合わなかった。

そのうち僕はあきらめて〝これからは個別の症状だけを見ることにしよう〟と意を決し、手がかりを探る方法に切り替えた。ベニーから手がかりが得られたら、そこを調べる、という具合に。ただし常にヒントがひとつとはかぎらず、六つの症状が一気に現れたときは、僕はてっきりベニーが死を覚悟しているに違いないと恐怖でうろたえた。僕が手がかりを見つけたと思うたびに、彼は〝能なしめ〟とでも言わんばかりの態度をとった。まるで僕の間違いを嘲笑するかのように……。

結局、僕にとっての鍵は、やはり気持ちを理解することだった。僕は直観と共感を大切にする立場に戻って自分に問いかけた。僕が痛い思いをしていたら、どんなふうに触ってほしい？

ベニーは骨盤が折れたまま、ずっとコロラドの冬を過ごしてきた。僕も膝が悪いからつらさは分かる。だから、自分だったらしてほしいことをベニーにするようにした。温めと牽引（体の一部を引っぱって伸ばす療法）だ。

僕はベニーをさすってから腹に両手をまわし、骨盤を包み込んだ。何より大切なのは痛くないように撫でるようにさすり、不安を与えないことだ。クリークアウェイというスピリットエッセンスの力を借り、ときには抗炎症薬も使って、ベニーの関節炎をできるだけ緩和した。

撫でる？　抱く？

撫でるという行為は終わるタイミングが分かりやすく、猫にとっては安心だ。

終わりが読めないとしたら――抱かれればそうなる――猫を緊張させてしまう懸念がある（この点は犬と正反対。犬は抱いてやったほうがくつろげる。犬のストレス軽減のために着せる服のような商品は、この理論に支えられている。犬は何かにくるまれていると落ち着くのだ）。

猫探偵が活躍する例をもうひとつあげると、あなたの声域で飼い猫にいちばん届くところを探すこと。触り方も、どれくらい力をかけ、どんなふうに触ると落ち着くかを研究すること。

強く抱くと身をこわばらせ、逃げ出してしまうのでは？

この過程でいくつもの発見があったことは大収穫だ。たとえばベニーの骨盤が折れていなければ、アニマルカイロプラクティックの効果を知ることはなかっただろう。僕はどんなささいなものでもいいから、少しでもベニーが快適になる方法を探していた。以前整体を学んだことがあるので、気功や副交感神経マッサージなどの施術もできたが、ベニーはこれらを好まなかった。とらえがたいエネルギーが体内をめぐることに耐えきれなかったのだ。だがカイロプラクティックなら、気がつかないうちに筋肉をほぐす効果がある。

そうした発見に至るまでには何カ月もかかった。理論を組み立て、考えに考え抜いて、グラフを作った。デンバーで会った動物行動学者や父の声が頭を離れず、何かを証明しなくてはいけないような気になっていた。

だが実際に僕の前にいるのは、考えるより感じてほしがっている猫だけだった。

ベニーも年をとり、病気にかかりやすくなった。ぜんそくの発作を起こしている姿を初めて見たときのことは忘れられない。彼が咳き込んでいる横で、僕はただオロオロしていた。ベニーのそばを行ったり来たりしながら、獣医に行くかどうかだけを考えていた。行く？　行かない？　どっちだ？

それから無意識に二本指でベニーの喉を上下に撫でた。何でもいいから咳が止まってほしかった。不思議なことに僕の指が実際にベニーを落ち着かせたのか、本当に咳が止まった。もっともそれも単なる偶然で長くはつづかず、またすぐに咳がはじまった。

インターネットというのはありがたいものだ。僕はグーグルで検索し、〝勇者のフリッツ〟というサイトを見つけた。フリッツも飼い主も残念ながらすでに世を去っているが、今でも貴重な情報源だ。サイト上にはフリッツがぜんそくで苦しむ映像があり、それはベニーの身に起こっていた様子と同じだった。

僕はぜんそくの研究をはじめ、ジーンから聞いて鉱物系だったトイレ砂を別のものに替えることから手をつけた。これはすぐに効果があった。鉱物系の砂を袋から出したり、ベニーが砂を引っかいたりするたびに粉じんが渦巻いていたからだ。

猫砂を正しく選ぼう

鉱物系の砂は猫の体に悪いだけではない。猫がぜんそくを起こしやすいことに加え、人間と猫のどちらにも癌を引き起こす二酸化ケイ素を含んでいる。さらに、原料の鉱物は環境を破壊するやり方で掘削されている。また、このタイプの砂をゴミ処理場に捨てても、永遠に分解されない。われわれ人類が滅びたあとまでずっと残りつづけるのだ。

僕はフードもドライから水分を含むウェットに切り替え、ベニーの体内水分量を増やそうとした。だが例のごとく、どこのメーカーのどんなフードを前にしても、ベニーは近づいて匂いを嗅ぎ、食べる前に吐いてしまう。彼はウェットフードと油性ペンの匂いで必ず吐いた。

ようやく、本当にやっとのことで、オーガニック食品のスーパーマーケットで買ったハーブローストターキーなら食べてくれることが分かった。まったく頑固な奴だ。スーパーで売っている普通のターキーはだめで、オーガニックのスモークターキーでもだめ。高級スーパーのハーブローストターキーでないとだめなわけだ。

これは頭にくる話だった。何しろドライフードはベニーの肺と気管を傷つけてしまう。喉を傷める可能性の高い穀物の粗い粒が入っていないものを探す選択肢もあるにはあったが、それもドライフードには違いなく、水分をとることはできない。

そこで携帯型のマスク噴霧器でベニーに水分をとらせよう

としたことがあったが、彼はマスクを見てあわてふためき、いつもよりひどいぜんそく発作を起こした。いつもは二分から四分くらいだが、十分から十二分もつづいたのだ。あまりにも苦しそうで、水分どころではない。

結局、彼は死ぬまでスピリットエッセンスのイージーブリーザーかプレドニゾン（副腎皮質ホルモン）を服用していたが、ぜんそくは治らなかった。


体重が減って久しぶりにひと息ついた僕は、ベニーとヴェローリアと一緒にボールダーを出るのも悪くないかもしれないと思いはじめていた。

音楽業界の主流は、とうの昔にバンドからダンスミュージックに移っていた。そもそも薬物と縁を切った僕には狂騒的なエネルギー――あるいは欲求――がなくなっていた。奇抜な格好でステージにあがり、眠くなるような演奏をバックに十三分もの間ひとりで会場を盛り上げるなんてもう無理だ。いいさ、認めよう。僕がボールダーに残っていた理由はひとつしかない。荷物をまとめて出ていくほど、人生に責任をもてなかったからだ。

初めてジルの家を訪ねたのは（中間地点にある街で落ち合うのでなく）、彼女の相談に乗るためだった。めっきり衰えた飼い犬のライリーをこのまま死なせてやるべきかどうか、彼女は悩んでいた。

僕はジルとライリーの苦しみを感じながら、連絡を受けた翌日の夜の飛行機に乗り込んだ。七月四日の独立記念日だった。午後九時ちょうどに飛行機がロサンゼルスへ降下していくと、花火が炸裂し、コンプトンからマンハッタンビーチにかけての空が明るく輝いた。これは啓示にちがいない。ここを次の目的地にしよう！　どのみち、二十年以上もあちこちをのろのろと進んできたのだ。この際、大陸を横断するのも悪くない。

ジルの家にはラブラドールレトリバーのライリーを含め、犬が五匹と猫が八匹いた。大柄なライリーはどうみてもこの家のボスだ。だが、もう動くことができなかった。こんなに悲しいことはない。彼はもはや自分の〝役目〟を果たせない。仲間をまとめることもできないし歩くこともできない。僕はライリーを車に乗せ、獣医のもとへ向かった。そして最後の数分間は僕が彼の飼い主だった。

ジルの仕事ぶりは僕とそっくりだった。とにかく気を休めるときがない。彼女はその日も、悲しみに包まれたまま働かなくてはならなかった。仕事が終わると一緒に、いくつか火が灯るだけの暗いヘルモサビーチで、太平洋の波に向かって水につかりながら歩いた。

僕の心の中にはコロラドの山あいにある騒々しい街――十五年もの間ずっとそこから逃げ出そうとあがいてきた――があった。その街がぴたりと静かになり、物音ひとつしなくなった。言葉にならない陶酔感に包まれ、僕は自分が遠い島からやってきた異邦人であることを思い出した。そうとも、僕はアイスクライミングを愛する大地の崇拝者たちに囲まれた流浪の水の民なのだ。こうして、旅立ちの決意が固まった。

カリフォルニアへの引っ越しは、物理的な面では楽勝だった。なんといっても僕は心の準備が完璧にできていた。これまで立派な神経衰弱になるために最適な場所を選び、十五年も生きてきたのだ。その状態に長い間どっぷりとつかり、それから依存症を克服して正気を取り戻し、人生をやり直すための素晴らしい旅に乗り出した。もう恐怖なんてない。僕は西海岸で希望に満ちた人生を送るのだ。

もちろん心の準備ができたからといって、抵抗がまったくなかったわけではない。変化への期待とは裏腹に、僕は必死になって引越しを遅らせようとした。ビーチから三ブロック以内の距離で犬たちが遊べる庭があり、家賃が月二千ドル以内（二人の稼ぎではそれが精いっぱい）の家があったらカリフォルニアに引っ越す。これは実現しそうにない条件だ。そうして目的達成を先延ばしにしようとしていた。しかしジルは真剣だった。果敢に挑戦し、条件どおりの家を見つけてきたのである。僕は運命を受け入れることにした。

が、そこで気がかりなのがベニーだ。彼は環境の変化を嫌う。フードの容器を動かしただけで、ガンジーのように断食による抵抗運動をはじめる。そんなベニーが約束の地にうまくたどりつけるよう、あらゆる手段を講じる必要があった。

僕だって、のんきに〝約束の地〟なんて言葉を使っているわけではない。ベニーはぜんそくが悪化しており、さらにフガフガと音をたてて息をするようになっていた。つらいのは、この何年かでやっと身につけた甘える仕草（僕にすり寄り喉を鳴らす）をするとき、気管支がうまく働かず息ができなくなってしまう。そうなると彼は目を大きく見開いてゴクンと唾を飲み込み、やっと元の状態に戻る。そんな姿を見せられたら、愛おしさで思わず抱きしめたくなる。

何年もかけて、ようやく自分なりの〝猫らしさ〟を身につけてきたベニー。その猫らしさが自然になりつつある今、引越しをするのは、ベニーにとって苦痛以外の何ものでもなく、不憫でならない。僕にとっては約束の地だが、ベニーにとってはそれほどの意味をもつとは思えない。でも気を取り直してベニーに語りかけた。

〝でもベニー！　骨の芯まで凍えるような冬はもう来ないよ。高地特有の乾燥した薄い空気ともおさらばだ。これからは海抜ゼロメートル地帯の湿った空気が、キミのぜんそくを治してくれるかもしれないよ〟

さあ心は決まった！　あとはベニーを目的地に連れていくだけだ。

僕は引っ越し用トレーラーを借りて自分のＳＵＶにつなぎ、そこに荷物を放り込んでいった。こうすれば僕とジルがＳＵＶを自由に使える。それから後部座席を倒し、いつものフード入れとトイレを置いて、ヴェローリアとベニーのための場所をつくった。

今後二週間は間違いなく大変な時期になる。その間、これまでと変わらないと感じられる環境をつくることが重要だった。

トレーラーには本物のジプシーのようにぎっしりと荷物を詰め余裕がないので、ソファは処分するしかなかった。成長したというシンボルでもあるキングサイズのベッドもだ。鉢植えはどうにか積み込めたものの、トレーラーにはもういくらの隙間もない。ジプシーでなくても男なら、車に荷物を詰め込むやり方くらい知っているさ。

十五キロほど走ったら給油できるよう、僕は道程を調整した。これもまたベニーのためだ。ベニーは旅に出ると、最初の十二キロに到達するまでに必ず排便か嘔吐、あるいはその両方をする。これはいつでも変わらない。だったらその流れに従えばいい。避けようがない事態を受け入れ、車を止めて掃除をし、再び出発する。それだけのことだ。僕はガソリンを満タンにして、SUVのうしろの窓まで拭いた。これで準備は万端、出発進行だ。

だがその年の労働者の日(レイバーデイ)を迎える週末は、気温が三十七度もあった。ボールダーバレーを出た僕は州道七十号線の長くて急な坂道を、人生を丸ごと積んだトレーラーを引っぱってSUVを走らせた。

何が起きたか、もうお分かりだろう。ちょうど〝この先、バッファロービル(西部開拓時代のガンマン。本名はウィリアム・コディ)の埋葬地〟と書かれた古い看板のところで、ボンネットの下から煙が立ちのぼりはじめた。そして間違えようもない不凍液の甘ったるい匂いが車内に漂ってきた。

車を止めるか、それとも引き返して下り坂を利用し、二人と二匹が重力でバレーの底の出発地

マジカルアドバイス30

猫を移動させるときの心得（旅行や引越し）

猫を旅行に連れていくときは入念な準備を怠らないこと！

①荷物をまとめる。フード、蓋付きの容器、ハーネス、使い捨てトイレ、ペットボトルの水、猫用救急セット。ちなみに僕のセットは次のとおりだ。ガーゼ、冷却パック、小型のハサミ、猫用止血剤、保温毛布、過酸化水素水（オキシドール）、毛抜き、綿棒、洗眼剤、目薬、爪やすり、抗生物質。

②カルテのコピーを用意する。余裕をもってかかりつけの獣医に頼んでおくこと！

③宿泊施設を調べる。予約をする前にペットにやさしい施設かどうかを確認しておくこと。

④現住所（引っ越しのときは新住所）を記録したマイクロチップを、必ず猫に埋め込んでおくこと。

⑤経路を計画するときは、万一はぐれた場合を考えて、ウェブサイトで近隣の動物関連施設を調べておくこと！

⑥捜索のときのために飼い猫の写真を持っていくこと。

点まで戻るというリスクを冒すか、そのどちらかしかない。

「整備士はここまで来られるかな?」

僕は携帯電話で全米自動車協会に連絡した。

「車が故障したんだ」

「整備士だって? この祝日に? 冗談だろう」

〝ちくしょう〟。

「それならとにかくレッカー車をよこしてくれ。こっちはトレーラー付きのSUVだ。あとは自分たちでどうにかするから」

ジルがベニーとヴェローリアをそれぞれのキャリーバッグに入れて高温すぎる車内から出すと、僕たちはたちまちハチの群れに襲われた。僕はその場を離れるしかなかった。安住の地から遠く離れて一緒に暮らすことで、特別な女性に自分の適応力の高さを示そうとしたのに、このざまだ。

〝こんな状態で、いったいどうやってジルに、僕がきちんと物事に対処できる男だと信じてもらえる?〟

自分が何をつぶやいているのか分からなかった。ゆがんだ記憶のなかでは、たしか依存症治療プログラムで覚えた神学者ニーバーの祈りの言葉だったと思うが、実際にはリンカーンのゲティスバーグ演説だったかもしれない。あとでジルが教えてくれたが、彼女はこのとき携帯電話で母親と話したそうだ。

「どうしよう、ジャクソンが電柱に話しかけてるの。彼ったら、電柱を怒鳴りつけてるのよ」

僕が人生を変えようとして勇気ある選択をしたというのに、またしても神は僕の前にたちはだかり、行く手を阻む。それとも神ではなく宇宙が、僕に〝もう人生なんてあきらめろ〟と荒っぽく教えようとしているのか。

レッカー車でボールダーのレンタルトレーラー会社へ引かれていく途中で、ベニーが苦しげにあえぎ出し、僕はジーンに電話をかけた。ベニーが死にかけているのに、僕は彼に何もしてあげられない。

外はこんなに暑いのに、ベニーの好きな古いセーターをキャリーバッグに入れっぱなしにしていたのを思い出した。セーターを出してくれとジルに頼もうとして顔を向けると、彼女はすでに出していた。ベニーがまた便をもらしたからだ。バッファロービルの埋葬地から十二キロほどのところだったと思う。とにかくベニーはまだいつもどおりの習慣で行動していた。これは安堵すべきことだ。僕は吐いてしまいそうなほど不安だったが、ちょっとほっとした。

次は小型トラックしか借りられなかった。SUVでは後部座席を丸ごと猫たちのために空けておいてやれたが、この車ではそうはいかない。後部座席どころか、余分な空間がいっさいなくなってしまった。

やむなく猫たちを入れたキャリーバッグは、僕とジルの席の間に重ねて置くことになった。おまけにこんな車でも借りるまでにひどく時間がかかり、せっかく僕が完璧に立てた猫と一緒の旅程計画が台なしに……。

さらにアリゾナ州の道路沿いのちっぽけなモーテルで泊まるしかなくなった。もっとも選り好みできる立場でもない。上等な宿泊施設では、猫たちは敬遠されることが多いのだから仕方がない。

ベニーがこの新しい場所に慣れるかどうか不安だったが、やるべきことをひとつずつ実行していった。猫たちを部屋に入れ、彼らと僕の匂いがする毛布をベッドの上に広げる。トラックの荷台から爪とぎ棒を取ってきて、縄張りを保証してやるためにドアの横に立てかける。猫用トイレも部屋に運び入れ、フード入れなどをミニキッチンのカウンターに並べる。

二匹がずっとここに住んでいたような雰囲気をつくり、いつもと同じ感じで夕食がとれる環境を整えた。だが、ベニーは食べようとしなかった。

それを見て僕はパニックに陥った。しかしベニーの困惑は分かっていた。こんなときこそ自分を見失ってはならない。まずはヴェローリアに食べさせることに専念した。もしかしたらベニーも彼女につられて食べるかもしれないという淡い期待もあった。だが、そう簡単にはいかなかった。

僕は取り乱してなるものかと自分に言い聞かせ、場所こそ変わっているものの、いつもどおりの夜でいつもどおりに食事をし、みんなで落ち着いてテレビを見ているところだというふりをつ

猫の車酔いを防ぐには

猫の車酔い対策を紹介しよう。

①キャリーバッグに好印象を与える。バッグに入れて楽しい場所に連れていったり、バッグの中でおやつを食べさせる。
②いつもより小さめ、または大きめのキャリーバッグを使ってみる。
③景色がよく見えるようにしたり、あるいは見えないようにしたり視界を変えてやる。

づけた。そろそろ寝る時間というころになって、ドライフードをカリカリとかじる音がかすかに聞こえてきた。僕はようやく胸を撫でおろし、眠りについた。

やっと新居に慣れたころ、ジルと僕はペットたちを仲よくさせようといろいろ試みた。結果はうまくいったのもあれば、まだまだのものもあった。ジルの黒いラブラドールレトリーバーのカリーはおとなしい性格で、体重が三キロにも満たないヴェローリアに一度鼻先を叩かれてからは、猫たちと目を合わさなくなった。ジルの飼い猫チップスとトムはすぐにベニーとヴェローリアと打ち解け、協調関係を築いたようだ。

だがジルの三匹目の猫ジークは（二週間前に来たばかりだった）、体重が九キロもあるいじめっ子だった。ジークは仲間入りしてからずっとチップスをいじめてきたが、ベニーがさらに格好のカモに見えたらしい。ベニーにしてみれば、ずっとラビとヴェローリアを支配してきた報いを受けた格好だ。

そこで僕は何年も取り組んできた手法を試してみることにした。約二百九十平方メートルのビーチハウスを区分けして、慎重に猫たちを入れ替え縄張りを交換していった。しかしこの新居では思いどおりにはいかなかった。

ジークをベニーとヴェローリアから引き離しておくのはさして難しくもなかったし、賢明な判断だったと思う。ヴェローリアはなじみのない家で〝獲物のように逃げる〟という困った習慣を取り戻しつつあったし、ベニーは宿敵（挑戦者）と顔を突き合わせては威嚇していたものの、例のフガフガという情けない声しか出ない。挑みかかろうと無理な姿勢をとれば、そのたびに咳き込んだ。

〝ベニーよ、お前はもう若くはないのだ〟

ベニーが咳き込んだときをジークは見逃さない。そこを襲う。もちろんこれは猫たちの世界で長期的な安定を築くために必要な昔ながらの過程なのである。でも僕だって人間だ。観察用のロボットじゃない。かわいがっている猫が見知らぬ場所でストレスに苦しみ、戦いに負ける姿を見ていると、不幸のどん底に突き落とされた気分になった。そのうえベニーはモーテルで少し食べはしたものの、少なくともあの味はもう食べないと決めたようだった。

〝こいつを食べると思い出すんだ。あの暑さの中、狭いケージに押し込められ、仕方なくウールのセーターの上で排泄しなきゃならなかったことをね。だからこれはもう二度と食べない〟

そこで僕の大実験がはじまった。ハンガーストライキは猫にとって生死の危険がつきまとう。猫は太りすぎても肝リピドーシス（脂肪肝）になりやすくなるため、命に関わる場合もあるが、ベニーのように小さな猫は二回食事を抜いただけで体力が衰え、目に見えて消耗してくる。

僕はメキシコ料理のファストフード店を流行らせてくれた神に感謝しなくていけない。いろいろなものを試していたある日、ベニーがこの店のチキンにかぶりついたのだ。栄養価を考えてほかのフードと混ぜなくてはならなかったが（信じられないことに、ファストフードのチキンは猫にとって栄養が不足している）、とりあえず食事を再開させることはできた。


僕は海岸近くでの新生活にうまくなじみ、すばらしい気分を味わっていた。ここはまさに自分がいるべき場所だった。

だが対照的に、ベニーはどんどん衰えていった。せっかく気候のいい土地に連れてきたというのに、彼の体調は一向によくならず、それどころか藁の両端につけた火が徐々に中央へ進んでくるようにじわじわと悪化していった。

口と鼻、そして肺の具合は悪くなるばかりで、僕は状況と症状が示している現実から目をそらすため、ベニーを次々と新しい獣医に見せた。ホリスティック療法と従来の療法のどちらもだ。鍼治療を受けさせると、ベニーのつらそうな呼吸が少しだけ穏やかになった気がした。

でも僕は知らない土地で仕事をはじめたばかりで満足な稼ぎがなく、数週間おきの治療など不可能だ。やがてベニーは鼻が利かなくなり、食べ物に関心をもたなくなった。僕は彼が食べていたファストフード店のチキンをフードプロセッサーでペースト状にして、少し加熱して匂いを強め、それからドライフードにのせた。ちょっと食べたがすぐに関心を示さなくなり、この方法も僕の実験ノートで眠ることになった。

僕はベニーの異変にまったく気づかなかった。あとから思い返してみても、彼が滑ったり転んだりするところすら見たことがない気がする。たしかにベニーの、何かを引っぱったり、悲しげな声で鳴いたり、不満を爆発させて叫んだり、といった意思表示には慣れていた。だが降伏の兆候を探したことはなく、今回も考えもしなかった。

食べてトイレに行って、寝床へ向かう。ベニーは生きるために必要最低限のことしかしていなかったが、僕がそれに気づいたのは、そうなってから数週間もたったころだった。ずっと同じことをただ繰り返すだけ。毛づくろいをやりすぎることもなくなった。〝治った〟からではない——それはあまりにも安易な見方だ。

実のところ、ベニーはすでに降伏しかけていた。そして僕はその事実にどうしようもなく腹を立てた。降伏するということを、軽く考えていたせいだ。真夏の一夜の恋だったり、初恋相手の香水の匂いみたいに大事ではあるが、さほど重要でないものと考えていた。それなのに、いざ降伏してしまったベニーを目の当たりにすると、どうしていいかさっぱり分からない。それが僕をたまらなく苛立たせた。

当然、僕はベニーの降伏を自分の問題として考えていた。人間とは、自分自身の苦しみや心の奥深くに抱えた自己嫌悪を思い起こさせる物事や〝生き物〟を見ると、憎まずにはいられないものなのだ。

僕が病的なまでに、ベニーを治すために必要な〝何か〟を探し求めている間――そうとも、絶対にやめない――ジルは好きにさせておいてくれた。僕は粉じんが発生せず、自然由来で人工の香り付きではなく、五匹（一匹は腎不全で馬並みのおしっこをする）がまとめて使っても、匂いをしっかり閉じ込める猫砂を見つけようと探しまわった（そんなものはあるわけがないのに）。

僕は部屋という部屋に加湿器を置いた。ベニーが食べるものはつぶしてシチュー状にし、栄養を考えて足りないものを補い、細くなってしまった食道でも通れるようにしてやった。

しかしベニーはもはやほとんど抵抗しなくなり、自然が定めた道を受け入れていた。受け入れられないのは僕のほうだった。むなしく激しく抵抗した。

ある夜、ジルと二人でレストランから帰宅し、ベニーにキスしようとかがみ込んだ僕は、彼の右目の瞳孔が完全に開いていることに気づいた。

〝パニックを起こすな。ベニーに伝わってしまう〟

足がぶるぶる震えたけれど、絶対に倒れるわけにはいかない。僕の鈍い頭が吸収した教訓のひとつをここに書いておく。僕はその瞬間に真実を感じたのではない。真実のほうが、ベニーの副鼻腔のどこかにある腫瘍が視神経を圧迫するというかたちをとって、僕の前に現れたのだ。ずっと探していたひとつの答えが目の前にあったが、それは望んできたものではなかった。

またしても依存症が戻ってきて、僕をあざ笑っていた。そのときどきで最善だと思った選択を何年も繰り返してきた結果がこれだ。見知らぬ相手のベッドや知らないバーへとたどりついたのも、奇妙なものを次々と身体に入れたのも、病院のベッドで目覚めたのも、全部それが最善の選択だと信じたからだった。その選択の結果がこれである。

目の前に提示された現実に耐えられなくなり、典型的なニューヨーク式サバイバル法に頼った。目をそらしてうつむき、通りの向こう側に渡って逃げるのだ。

「分かったぞ」

背後でジルがあきれた顔をしているのを感じながら彼女に言った。

「きっとベニーは歯が悪いんだ」

前に殺人事件をテーマにしたテレビ番組で、出演していた歯科法医学者がある事件について話しているのを見たことがある。僕はベニーの目の異常も歯のせいだと信じたかった。

「虫歯のせいで口内が膿んだんだ。その膿が鼻腔を通って目に入ったに違いないよ」

根拠があったわけではない。僕自身、どうしても確認したかった。いや、確認する必要があった。しかし日曜の夜八時では、すぐに確かめられるはずもない。

翌朝行ったペット専門の歯科医は、こちらの真意を見抜いていたようだ。僕が納得できる答えを探し、この八カ月で八人の獣医を訪れたことを本能的に察したのだろう。彼は急いでベニーを診察し、力なく微笑んでこう告げた。

「歯は悪くない。だが、目は間違いなくおかしいね。この先にある眼科医のところに連れていくといいよ」

この手の動物総合病院は、原因を突き止めようとする飼い主の気持ちを次から次へと煽っていく。僕も今そうなりつつあった。急いで眼科に行くと、ベニーを診た眼科医が言った。

「ジャクソン、ベニーの目に異常があるのは明らかだが、麻酔をかける必要がある。でもベニーは呼吸器系にも問題を抱えているから、もし麻酔をかけた場合、無事に目覚めるとは保証できない」

僕はいちいちうなずいていた。そして突然最悪の事態がおとずれた。僕は心の準備がまったくできていないのに……。

「これ以上苦痛を与えず、ベニーをこのままにしてあげないか」

何もかも僕のせいだ

ベニーはまだ死んではいなかったが、もうここにいないことは明白だった。〝このままにしておく〟とは、つまり最期のときを待ち、見守ることだ。テレビドラマなら医者がメスをふるって大活躍するところだろうが、もはや本物の医者の出る幕もなかった。

ようやく頭が落ち着いて怒りと悲しみを感じられるようになったとき、僕はベニーのために自分が泣いていないことに気がついた。

これまで彼が元気になってほしいと何度も願ってきた。しかし今回だけはそう願うこと自体が、僕の友人であり、教師であり、天からの贈り物であり、僕を惑わす灰色と白の毛皮をまとった小さな生き物ベニーを苦しめることになるのだ。

ここまでの最悪な数カ月間、僕は大いなる存在から見放されているように感じていた。ベニーが死んでしまうのではないかという不安におびえるたび、知人の医者を訪ねたり、何か手立てはないかと奔走した。彼らに、〝そんな不安は気のせいで、何も根拠がない〟と言ってもらうためだ。

「要するに」

気づくと僕は繰り返していた。

「僕はただストレスを与えるためだけに、ベニーをここへ連れてきたわけですか？　顔にティッシュをかざしただけで呼吸に問題があるとかなんとか、分かりきったことを言うだけの医者に、家賃にあてるはずだった金を払い、勘定がすんだら追い払われるために？」

僕とジルは一日に二回、ベニーをタオルでくるんで抗生物質と呼吸器作用薬、ステロイド剤、食欲促進剤、痛み止めを投与し、子ども用の点鼻薬までさした。いちばんつらかったのは、ベニーにとっては苦痛でしかないこの一連のながれを受け入れてしまっていたことだった。ベニーの声にきちんと耳を傾けず、薬で痛みを忘れさせようとしていた。

僕は〝猫の聞き役〟〝猫の精神科医〟などという肩書きをもっているのに、ベニーの死を前にしたら、それらは何の意味ももたなくなっていた。それまで多くの猫たちに出会い学んできたすべて、もって生まれて磨きをかけてきた直観のすべてが跡形もなく消え去った。薬物依存を断ち切って七年半が過ぎていたが、このときばかりはハイになって現実から逃避したかった。何もかもに屈服して、僕とベニーの痛みを麻痺させてしまいたかった。

嵐に襲われたら、自分なりにやり過ごすしかない。僕は日々の生活と仕事を乗りきるため、気が変になってしまうのを防ぐために心の地下室に閉じこもり、しっかり鍵をかけた。それが僕なりの嵐のやりすごし方だった。

でもケンがしょっちゅう電話をかけてきて、なぜか魔法みたいに何度聞いても笑ってしまうユダヤ人ばあさんのジョークを聞かせてくれた。あるいは本当に魔法だったのかもしれない。

ケンと話していると、僕は緊急避難用の地下室にこもっているのだと自覚できた。周囲に窓はひとつもなく、当然日の光もない。ぽつんと裸電球が灯っているだけ。そこには精神生活など存在しない。そして僕は殻に閉じこもっている間、ベニーをひとり嵐の中に置き去りにしていた。

地下室から出てくれば不都合もあった。親しい人間と話をするたびに必ず感情がこみ上げてしまうのだ。それをこらえなくてはならなかった。そもそも猫に引かれた理由のひとつは、自分の中にも猫がいると分かっていたからだ。僕たちはどちらもハンターであり、同時に何かの獲物でもあるのだ。

だからこそ生き残るためには心の深い部分に感情をひた隠し、好機をうかがいつづけなくてはならない。苦しみを表に出すことは、僕にとってベニーを失うのと同じくらい怖いことだった。僕は生皮をはがれるような喪失の痛みを、野生の猫がコヨーテの襲撃を恐れるのと同様に恐れていた。

野生の猫とコヨーテが僕の心の奥深くから姿を現したとき、胸にこみ上げる感情は徐々に強くなり、頻繁に襲ってくるようになった。あるときブレントウッドからビーチ方面へセプルヴェダ大通りを走っていると、心が音を立てて崩れ、そこから僕をあざ笑うかのような感情がどっとあふれてきた。

週末の通勤者たちの前でそんな姿をさらすのはごめんだったが、どうしようもない。自分か他人を殺さないうちに車を止めなくてはならない。心が崩れてしまった僕にとって、窓を閉めた車の中は孤独でいられる安全な場所だったから、外には出なかった。外で降っている雨の音が心の中で降る雨音を消してくれる。そして誰にも邪魔されることなく、僕は声をあげて泣き、ダッシュボードを叩いた。

物事には決定的な瞬間というものがある。たとえば昼さがりに恋人と戯れて心地よいひとときを過ごしたあと、窓の外に目をやると……それまでよりも木々の緑や空の青さが鮮やかに見える。眼鏡のくもりが消え、世界が高画質・高精細の画面に映った像みたいに感じられるのだ。そして僕が吸う空気は祝福されているかのように光に満ちあふれ、吐く息は生まれたての赤ん坊のように清らかだった。

僕はあの瞬間に感謝している。自分自身に対して、〝肝心なのはおまえじゃない、このばか野郎。これはすべてを超越する存在についてでもないし、医療制度改革の話でもない。理論を束ねておまえ自身が正しいと証明する（あるいは逆に間違っていると証明されてみじめになる）機会でもないんだ。これは死に向かっているベニーの問題だ。元気いっぱいだった彼に感謝したように、今のベニーにも感謝しろ〟と言えるようになったからだ。

いつも往診してくれる友人の獣医は週末旅行に出るところだった。獣医が戻るまでベニーが持ちこたえられるかどうか、僕には分からない。

ベニーは近頃〝安心できるベッド〟を出ない日のほうが多くなっていた。ドーナツの形をした茶色のフリースのベッドはソファの足元に置いてあり、ベニーは見晴らしのいいその場所からわずかに体を動かしては、出入りするほかの動物や人間を見張っている。

彼の病状が悪化して数週間の間、毎日のように洗濯物のリストが増えていき、食欲促進剤を使っても食は細くなっていくばかりだった。調子が悪い日は毛づくろいをしないので、毛並みのツヤがなくなり乾燥してきた。呼吸は常に苦しげだ。僕が抱いてやると、ベニーは喉を鳴らそうとしてフガフガという声をもらした。

信じられないことだが、このとき友人のダグとリンジーの愛猫バーバラも旅立とうとしていた。僕と同じ思いをしていたダグは電話をよこし、バーバラの様子を見て助言をしてくれと言ってきた。

「バーバラを三日間も苦しませたくない」と彼は言った。

「月曜日にうちで安楽死させるんだ。そのためだけに耐えている姿を見るのはつらいよ」

僕は、今はベニーにつきっきりで忙しいからと断った。そして言った。

「でも、聞いてくれ。きみはバーバラをよく知っている。十五年も一緒に暮らしてきたんだから、そのときが来れば分かるはずだ。大切なのはバーバラであってきみじゃない。大事なことは、バーバラとの約束を果たしてやることだ。きみは彼女と幸せな暮らしを送ってきた。今度は幸せに逝かせてやれ。バーバラが望まないときに逝かせたりするな。それだけはちゃんと見きわめろ」

　僕はダグに、〝長年にわたってペットを安楽死させようと保護施設へ連れてくる飼い主たちを見てきたが、ほぼ全員が「もう助からない」という現実を受け入れられず、必要以上に治療の苦しみを強いたあげくに安楽死という結論にたどりついていた〟と告げた。

　ダグとの電話を切った瞬間、僕は今の話を自分にも言い聞かせていたのだと気づいた。その夜、薬を投与するためにベニーをタオルでくるみながら、僕は怒りで震えていた。怒ることしかできなかった。人生を通じて怒りから逃れようとあがいてきたが、結局のところ、怒りは僕のDNAにしっかりと組み込まれているようだった。

　苦しむベニーを見おろし、きちんと並べてある薬に視線を走らせる。次は僕がベニーを抱き、ジルが薬を与える番だった。僕たちだって一日に二度も、ベニーをこんな拷問みたいな目に遭わせたくない。怒りは獣医たちに向けられた。こんなふうに無造作に処方される薬がどんな苦しみを生むか、飼い主と動物双方の信頼関係をいかに壊しているか、医者たちには分かっているのだろうか。

　そのときジルが点鼻薬をさし――たぶん一滴多かったせいで――ベニーが暴れた。貴重な呼吸を一瞬さえぎってしまったらしく、ベニーは酸素を求めてあえぎ、僕はジルをにらみつけた。何かあるとまず相手をにらみつけるのが癖になっていた。

そして怒りが爆発した。ジルに対してではない。僕はそれまで人間を相手にした医療業界にさんざん投げつけてきた非難の言葉を、そっくりそのままがなりたてた。

「俺をさんざん薬漬けにしやがって！　俺がドラッグ依存症になったのもお前らのせいだ。儲けるために薬を出しつづけたお前らのせいだからな！」

僕の精神状態は重度の依存症だったころに戻っていた。誰かのせいでこうなったわけでもない。これは〝ひざまずけ〟〝もう観念しろ〟という宇宙の意思であり、それに抵抗する自分自身の姿だった。

僕はタオルにくるまれた小さな生き物を見おろした。僕にとっては最高の友であり、悪友でもあるベニー。でも、もうベニーはここにいない。ただ小さな体があるだけだ。

「もうやめよう」

僕はベニーをベッドに戻した。

「こんな茶番は終わりだ。神に見捨てられたような儀式は、もうたくさんだ」

僕はベニーのベッドとは反対側に向かって歩いた。とにかくその場を離れたかった。テーブルを叩き、上にのっている薬をなぎ払いたかったが、今度だけはそれもやめた。ジルは、降伏するときの僕がいつも怒っているように見えることを知っていた。

いよいよ終幕だった。ベニーを〝楽に〟してやるときだ。もうステロイドも食欲増進剤も使わない。〝治療という名の拷問〟から解放してやるんだ。死に向かって歩きはじめたベニーを、〝じゃあまたな〟と言って見送ってやるのが僕の務めだ。ぼんやりとそう考えていた。

こうして僕自身も僕を縛っていたものから解放された。自由の身となり、ベニーの最後の日々に穏やかに付き添えるようになったのだ。僕はベニーに言った。

「これ以上頑張らなくていいよ。だけど〝そのとき〟が来たらちゃんと教えてくれ。約束だぞ」

周囲を見まわし、誰もいないのを確かめる。このことはジルにも聞かれたくなかった。

「僕も約束する。そのときが来たら、痛くないようにうまくやってやる。痛い思いなんかさせない。何でもいいから合図をくれ。二人だけの特別な合図だ。僕は絶対に見逃さない。それでいいよな？」

このあと、ほどなくベニーに変化があった。午前四時十二分のことだ。時計を見たから分かる。ベニーは僕を起こしたことなどない。だから目が覚めて、まず時計を見た。だが僕が目を覚ましたのは、間違いなくベニーが頭を僕の頭にぶつけていたせいだった。キツツキがスローモーションで動くように、一定のリズムでこつこつと頭をぶつけていた。

僕は〝オーケー、分かった〟と言い、ベニーの頬にキスをした。ベニーは安堵したかのように落ち着いて眠りについた。

往診を頼める獣医が留守なので、もっとも早い午後二時に予約がとれた動物病院へ行くことにした。車を止め、僕は膝の上にいるベニーを見た。彼はもはや文句も言わず、ただ警戒している様子だった。僕は外の景色を見せ、窓を少しだけ開けて海の風を入れた。ここは僕たちの〝旅の終着点〟なのだ。

ベニーは紫色の毛布でくるまれている。出会ってから多くのものを引きずってきたが、その中でもこのほつれた毛布こそ、僕とベニーの旅を象徴するものだった。ジルは動こうとしない。車内で待つつもりなのだろう。彼女はこういう場面に立ち向かえる人間ではなかった。

オーケー、それでかまわない。これまでジルは充分に僕を助けてくれた。今このもっとも苦しい状況を共有してくれなんて言える立場でもない。それにこういうことは不思議と僕の領分だった。

ベニーを病院の通用口からまっすぐ診察室へ連れていく。部屋に入った瞬間、そこの雰囲気に息がつまりそうになった。僕のクライアントには評判のいい病院なのに、何か違和感があった。しかし冷静に考えてみれば、ベニーの最期となるこの場所に好感をもつわけがないのだ。頭の中に警報やサイレンの音、犬の鳴き声が鳴り響き、僕の心が揺らぎはじめた。

事態は悪くなる一方だった。この場所での選択肢はひとつだ。ベニーを安楽死させるという選択肢しかない。これでいいのか。安楽死しかないのか。こうなる運命だったとあきらめるしかないのか。さまざまな感情が押し寄せ、僕の身体は混乱で震えだした。

ここから逃げ出したい。ベニーとの約束はこんなんじゃない。もっと安らかで穏やかなもののはずだ。しかしもうどうにもならなかった。なるはずもなかった。

獣医の助手は経験不足のようだ。あるいは、僕が彼女を緊張させているのかもしれなかった。そのせいでこっちまで緊張してくる。

〝神様、どうか僕の心に安らぎをお与えください〟。

助手は冷やしてあった注射液のボトルを両手で温めるという最初の処置を忘れ、冷たい鎮静剤を打った。驚いたベニーはけいれんを起こして咳込む。思わずにらみつけると、助手は賢明にも無言でその場を立ち去った。僕は、夜明けの霜を防ぐテントのように、身体ごとベニーに覆いかぶさった。そして改めて気がついた。今この瞬間がベニーを危険や苦痛、混乱から守ってやれる最後の機会であることを……。

世界はなんてすばらしいんだろうと思った。翼の折れた二羽の鳥が偶然に出会い、互いに癒し合い助け合ってここまで生きてきたのだ。

輪廻転生のサークルのなかで、ベニーにとっては、これが猫としてこの世に生を受けた初めての機会だったのだろう。きっと僕にもひとつか二つくらいは教えてやれたことがあったと思う。これから先に分かるのだと思うが、僕もきっと人間として初めて生を受けたのだろう。そんな二人が支え合って自分なりの道を見つけることができた。

さらに気づいたことがある。これは次の生へと向かうベニーの旅立ちを見送る唯一の機会なのだ。ベニーにはたったひとつだけ忘れないでいてほしいことがある。それは彼がとても愛されていたということだ。それ以外はきれいさっぱり忘れてもいい。ただ、しっかりと愛情に抱かれた素晴らしい生であったことを記憶しておいてもらいたかった。

背後で獣医が部屋に入ってくる音がして、僕はベニーにぐっと体を寄せた。

「おまえのことを本にしてみんなに話そうと思う。聞こえるか？　約束するから。僕は約束を守る男だろ?」

獣医がうろうろしている。僕はすでに彼女が嫌いになっていた。ベニーにも伝え〝でも大丈夫だ。たかが注射だ。どうってことないから〟とつけ加えた。注射なら、ベニーはうんざりするほど経験済みだ。

そして僕は集中した。ベニーは僕をよく知っていた。この期に及んで、いい格好をしようとしたところで何の意味もない。自然のながれに身をゆだね、ベニーと二人だけの〝最期のとき〟を過ごすだけだ。そう観念した瞬間、僕の心から悲しみが消え、代わりに感謝の思いがあふれてきた。

こんなにも短い間に、僕はたくさんの動物たちと出会ってきた。人間に虐待され見捨てられ、無視された動物たちを、僕は暗い部屋の中でこんなふうに慰めようとしたものだ。それに比べれば僕とベニーの物語は、あまりにも実り豊かで申し訳ないほどだった。それに、どうあろうと、愛は死をも超越するのだ。

獣医と助手（さっきとは別人だ）は処置に入ろうとしたが、僕の両腕はずっとベニーを抱いたままだった。獣医たちが切羽詰まったように僕にどいてくれと頼んできた。〝おっと待ってくれ。こういう経験なら山ほど積んでいるんだ〟と言いたげに表情で意志を伝えた。そして獣医をにらんで「隙間なら充分に空いてるはずだ。そこでどうにかしたらいい」と告げた。

見知らぬ獣医の型にはまった過酷な仕打ちから、ベニーを守らなくてはならない。ああ、やっぱり往診医が帰るのを待てばよかった。見知らぬ場所で、見知らぬ人の手で旅立たせるなんて、申し訳ない気持ちでいっぱいになった。

せめて少しでも家にいる感じを出してやろうと、着ているシャツでテントのようにベニーを覆った。こうして僕の匂いと体温にくるまれ、家で抱かれているかのようにしてやった。

「僕は約束を守る、そうだよな？」

ベニーの呼吸がゆるやかになっていく。僕は彼に許可を与えてあげなければ……。スクールバスに乗ろうとした子どもがステップに足をのせ、不安げな視線を送ってくるときと同じだ。親はゆっくりとまばたきをして、〝大丈夫だ、心配いらない。きっと楽しいことが待ってるぞ〟と目で伝えてやるしかない。紫の毛布がきっとベニーを守ってくれる。

そう思ったとき、慈悲とも思える奇跡が起きた。僕がベニーにキスをすると、彼はフガフガともゼイゼイともいわない、苦しさとは無縁の穏やかな息をついた。もう一度、同じ静かな呼吸を繰り返す。

「僕は約束を守るからな」

そうささやいた。

「ここに引っ越したとき、海がおまえを治してくれるって言ったよな」

するとベニーの体が小さく震え、スクールバスが動き出した。僕の勇敢なベニーを乗せ、次の美しい停留所へと向かって……。肉体はただの実験装置にすぎない。水銀を入れておくガラス瓶のようなものだ。残される僕は、旅立っていくベニーの体を抱きしめることしかできなかった。

僕は息をしていなかった。

「きみは好きなだけここにいていいんだよ。それがすんだら、また一緒に……」

ベニーの声が消えていく。息ができない。

もう逝っていいよ。もう苦しまなくていいよ。もう逝ってくれ、お願いだ。

まだ息ができなかった。ドアがかちりと音を立てて閉まり、それから僕はようやく息をした。


毛布にくるんだベニーを膝にのせ、僕たちは内輪の葬式をするためにペット専用墓地を訪れた。ひとつだけ、親切な女性スタッフに頼み事をした。毛布の半分をベニーと一緒に火葬して、残り半分は埋葬用に取っておいてほしいとお願いしたのだ。計画どおりに進んだことがあるとしたら、これだけだった。

コロラドにいたころ、僕は五匹の猫を同じ場所に埋葬した。ボールダー・クリーク沿いのシュガーローフ・マウンテンを切り開いたトンネルの手前にある場所で、近くを車で通るたびに投げキスをして、安らぎを感じながら通り過ぎたものだ。

でも、同じことをベニーにしてやるわけにはいかない。越してきたばかりで新しい土地をよく知らず、正しい場所を選べなかったからだ。カリフォルニアの州法は、亡くなったペットは火葬にするよう義務づけている。ほかの動物に死体を掘り返されるような事態を防ぐためだ。しかし僕は火葬が好きになれないので、その中間で妥協できる方法をとるしかなかった。

僕たちは裏庭に穴を掘り、オレンジの木を買ってきた。コロラドの山々をあとにしたときベニーと交わしたたくさんの約束を、いつでも思い出せるようにするためだ。穴に毛布の半分を敷いてその上に遺灰をのせ、最後に土をかぶせて木を植えた。僕たちがこの海岸沿いの古い家を出たあとも、この木になるオレンジは誰かを喜ばせつづけるだろう。裏庭にはレモンの木もある。その日僕たちはプラムの木も植えた。

儀式はまだ終わっていなかった。〝取り除く〟という小さな仕事が残っている。僕にとって、次のステップへ進むときに荷物を抱えて場所を移すのは重要な意味をもつ。それと同じくらいベニーのものを取り除くことも大切なことだった。これは僕なりの悲しみを癒す手法であり、これまでもそうしてきた。

また家に残っている猫や犬たちのためでもある。動物たちは変化を受け入れて順応する必要があり、そのためにはベニーの匂いと存在を感じさせる品々を生活の場から消さなくてはならなかった。フード入れやベニーだけが食べていたドライフードの残り、保存容器、茶色のベッド、薬の瓶、注射器、錠剤をつぶす道具などはすべて処分した。

最後に残ったのは首輪だけで、それも紫色の毛布と一緒に新しいオレンジの木の下に埋めてある。愛は死よりも強いのだ。思い出の品など必要ない。


ペットを亡くした人なら誰でも知っているように、日々の生活は喪失感という重い空気に覆い尽くされる。そしてあたかも飼い主が見捨てられてしまったかのような錯覚さえ生まれる。

僕は、ベニーが生まれ変わったバス運転手のような顔で部屋に入ってくるところや、自分の縄張りに緊張感をもたらそうとジェンの頭をぴしゃりと叩いたときのことなど、さまざまな場面を思い返すようになった。鼻にできものができたときの顔、段ボール製のキャリーバッグを開けたときの悲しい表情……。どの記憶も心が乱れ、押し潰されそうになる。最初の何日かは、仕事と喪失感の間で揺れ動いた。誰もが〝絶対に楽にはならない〟と言う。

当然だ。楽になどならないし、なりたいとも思わない。もし楽になってしまったら、僕自身の一部が死んだことになる。

そうさ、楽になどなるはずがない。だが、やがて悲しみは予測できるものに変わっていく。信じられないほどの悲しみと絶望が過ぎ去ったあとに、ペットのことしか頭になかったことに後ろめたさを感じ、〝自分はいったいどうしてしまったんだ〟と途方に暮れることはなくなる。つらい時期を乗り越えて、次へと進むことを学ぶのだ。

子どものころ、僕は歩いて学校に通っていた。ブロードウェイから八十二丁目をセントラルパークに向かって進み、セントラルパークウエストで左に曲がるのだが、角のビルを曲がりきった途端に、いつもすごい強風が吹きつけてきた。特に冬の間は強烈で、それこそ息もできなくなるほどだった。誰だって息を止められたくはない。でも、それが必ず起きるのだ。しかも同じ決まったところで……。それならあきらめて備えるようになる。どうせまた呼吸はちゃんとできるようになるのだから、備えることで少しでもショックを和らげるほうが得策だ。

十三年ぶりにベニーがいない生活の一日目が終わろうとしていた。僕はヴェローリアを膝にのせ、ボンヤリと座っていた。どのくらいそうしていただろうか……。遠くでアシカが鳴いていて、その鳴き声が嵐を知らせるサイレンのようにとぎれとぎれに聞こえてくる。

僕はヴェローリアの頭を無意識ではあったが、愛情と感謝をこめて撫でていた。こんなに疲れていなかったら、まだベニーの死に対する罪悪感で胸がつまっていたかもしれない。しかし今はそんな気力もなく、ただ椅子に沈み込んでいた。悲しいが穏やかな気分だった。ベニーと共に歩んだすばらしい道のりがよみがえってくる。

なかでも僕の心をとらえたのは、愛というものの本質と、自分にはそれを感じとる能力があるという気づきだった。彼が僕に与えてくれたもっとも大きな気づきは、愛というものの本質と、自分にはそれを感じとる能力があるということだった。

この旅をはじめたとき、僕は頑固に自分の殻に閉じこもった状態だった。実のところ、旅に出る必要があったかどうかも分かっていなかったと思う。やるべき仕事があり、自分の歌を世に出さなくてはいけないと思い込んでいた。自分なりの計画もあった。だが、イディッシュ語のことわざにあるとおりだ。

〝人は計画し、神は笑う〟

僕は情熱という形をしたパズルのピースをかき集め、ずっとポケットの中でそれらをつなげようとしていた。神が僕を、パズルではなく現実に対処できる男だと見なすまで、ずっとその状態をつづけてきた。

古いレコードプレーヤーに魅せられ歌詞やコーラスを書かずにいられなくなったのも、そのためにニューヨークの歩道で行き交う人々を眺め、人間社会のなかにある神々しいものの存在を感じ、それを伝えるために観客に向かって話したり歌ったりしてきたのも、もとをたどれば同じ理由に行きつく。

そして僕の準備が整ったと神が判断したとき、動物たちから全身を貫くような衝撃を受けたのもすべて今へとつながる、たどるべき過程だったのだろう。その結果、僕の前後には唐突に神々しい光を帯びた道が伸びていた。

神聖なものとのつながりを求めながら、それがどんなものか認識もできなかったころの僕は、徐々に大きくなる渇望をこめてタトゥーを入れ、ピアスをつけ、殴り、蹴り、女性を抱いた。いよいよ耐えられなくなって後ろ向きに倒れた僕を受け止めてくれたのが、飼い主のいないペットであふれた動物保護施設だったのだ。

僕はそこで分厚く重なった隠れ蓑を一枚ずつはがされていった。完全に脱ぎ捨てるには何年もかかったが、出発点はHSBVで働きはじめた初日だったと断言できる。

その日何度もおとずれる気分の落ち込みを迎え、ヴェローリアを抱き、静かに泣きながら、僕ははたと気がついた。十六年を経て訪れたこの穏やかな瞬間……。これこそが長い間縛られていたものから解放された感覚なのではないだろうか。HSBVで働きはじめたときに感じた衝撃は、さざ波のように寄せては返しながら身体の奥深くまで入り込んでいた。自分を隠すための蓑がなくなった今、あのさざ波がついに表に浮上してきたのだろう。

突然、僕の人生をつくり上げてきたすべての歌が一本につながって姿を現した。そして一瞬で僕にも理解できた。それも自分勝手な理屈ではなく、僕たちは魂に宿る不変の愛と喪失によって、永遠につながっているのだということを……僕は理解したのだ。

エピローグ

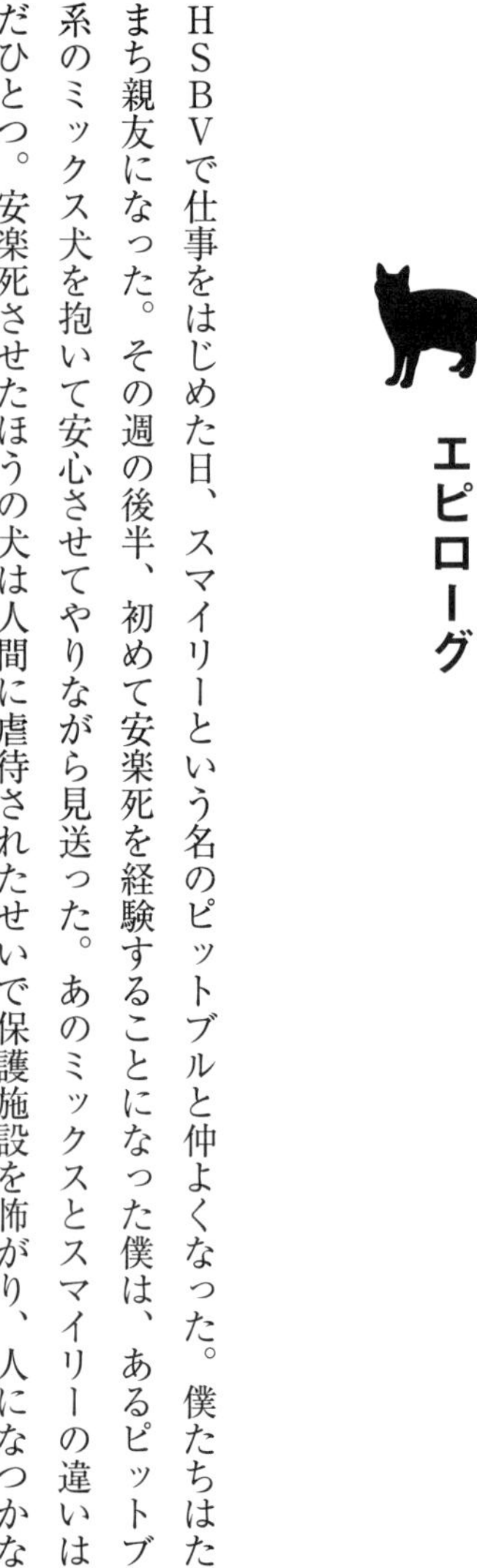

ＨＳＢＶで仕事をはじめた日、スマイリーという名のピットブルと仲よくなった。僕たちはたちまち親友になった。その週の後半、初めて安楽死を経験することになった僕は、あるピットブル系のミックス犬を抱いて安心させてやりながら見送った。あのミックスとスマイリーの違いはただひとつ。安楽死させたほうの犬は人間に虐待されたせいで保護施設を怖がり、人になつかなかったという点だった。

この二匹は僕にとって、本格的に動物にかかわる出発点であり、長年にわたって掲げてきた信念の表と裏になった。やがてこの犬たちに対する愛情が大きくなっていき、その延長線上で猫たちがいる部屋で、真夜中に四十五もの奇跡を起こすまでになった。

それからも愛情はゆっくりと広がり、生きているすべての猫と犬におよび、そしてそれを越えてとんでもなく大きなものになった。今こうして、無理やり起こされてくらくらする頭でこの文章を書きながら、何もかもがよみがえってくる。

あなたがこの本を読んでいるのは、おそらくかつて動物と親しい関係だったからだろう。あなたには〝あなたのベニー〟がいた。まだいないという読者もいるかもしれないが、きっとこれから出会うはずだ。あるいは出会いたいと願うようになる。

僕からの、そして動物保護に関わるすべての人々からのメッセージは単純だ。〝あなたのベニー〟の写真を撮って、心の中のロケットペンダントに大切にしまってほしい。そして、その子に対するあなたの愛情をしっかりと両手で握りしめ、錬金術師になってもらいたい。

一匹への愛情は、やがてすべての動物への愛情になるはずだ。結局のところ、その愛情はひとつのものなのだから。あなたの大切な一匹に感じる愛をどんどん広げ、すべての動物に与えてほしい。

世の中には家を必要としている猫がたくさんいる。かわいくて、陽気で、いたずら好きの猫たちだ。彼らをあなたの人生に迎えてほしい。もしあなたがペットの去勢や避妊手術をせず、子猫が一ダースも生まれたら、あなたの子どもたちに出産の奇跡を見せるすばらしい機会が訪れたと思うのだろうか。

子猫たちが育ち、探検し、まわりの世界を愛するようになっていく姿は、素晴らしい光景かもしれない。だが一方で、その翌日には、あなたの近所の動物保護施設で一ダースほどの猫が処分される。それが現実だ。

僕たちは動物たちが無意味に死なずにすむ世界をつくることができる。僕は心の底からそう信じている。

頭で考えているだけでなく動き出すことが大事だ。僕は何年もかけて、猫たちの行動理論をひとつに束ねようとしてきた。猫を習慣的な行動に突き動かすものは何か？　なぜ猫たちはあのようにふるまうのか？　見つめているだけでは意味がない。行動しなければ意味がない。

既存の概念や解釈に振り回され、その結果、僕とベニーとの間に距離をつくってしまった。ベニーを失ってやっとそれに気づいたが、もう遅い。それが今でも悔やまれてならない。

猫に関していえば、理論化、こじつけ、行動予測、観察結果データなどは、いわばエセ科学でしかない。それよりもあなたのやり方で、あなたの猫を知ることだ。彼らの時間の過ごし方を学び、彼らへのかぎりない愛情、悩みを自分なりの方法で咀嚼し、消化する。そうしてこそ本当に自分の猫を愛することができるのだ。

その愛情で、すべての猫を愛そう。それは簡単ではないかもしれない。あなたが以前受けた自己啓発セミナーやサマーキャンプでのプログラムとはわけが違う。もっと大きな意味があり、そして実現までには長い道のりがある。

今僕は幸せを噛みしめている。ベニーとのいきさつを理解し納得できたことで、結果としてほかの猫たちを理解する能力を得ることができた。

でも僕にとっては、愛する力が想像を超えるほどに広がったことのほうが大きな意味をもつ。なぜなら愛情というものは、頭で理解できるものではないからだ。この新たな世界の秩序に言葉や説明は要らない。共感を探り、思いやりをもって行動していくだけだ。

依存症治療プログラムでは、〝ふりをする〟ことを参加者が話し合う。自分が人間とは思えない、どこに行っても緊張でこぶしを握ってしまう、どうしても譲歩できない……。それなら、ふりをすればいい。人間だと思えるふり、落ち着いたふり、譲歩するふり。いつかそれが自然になる日が必ずやってくる。最初は違和感がある服でも着ているうちに慣れてくるものなのだ。

そして今僕は自分で選んだお気に入りの服を着て、猫を愛する世界中の人々に手紙を書いている。僕には肩書きがない。科学者ではないし、獣医でもない。それにそういう存在は僕ではない。僕は語り部だ。人生の多くの時間を費やして、生き物と通じ合える方法を身につけ、動物たちが感じることを、どうやったら正確に正直に伝えられるのかを学んできた。僕は出会ったすべての猫たちの日常生活を肌で感じられるようになった。

ベニーは僕の努力を鼻で笑った猫第一号だった。彼を型どおりの概念で理解しようとすると、フーッと唸って僕を威嚇したものだ。しかしベニーとの旅が終わった今、彼とのやっかいで愛おしい旅を与えてくれた神に感謝したい。いや感謝しても感謝しきれないくらいだ。ベニーとの思い出はけっして消えることはないのだから。そして彼から得たものは言葉では尽くせないほどなのだから……。

あとがき――ロケットに入った証拠

二〇一二年の大晦日、僕は目がまわるような忙しさから逃れて、ひと息ついていた。不安から遠ざかり、しばし立ちどまって新たに見つけた静けさにうっとりする。少しばかり時間をとって、瞑想したり祈ったりするのはすばらしい気分だった。静けさはこれまでの僕の人生でまったく縁のなかったものだ。

映像の世界に進出してから一年が経過していた。本書『ぼくが猫の行動専門家になれた理由』（原題『*CAT DADDY*』）を書くことで、学んだことを、さらに広く世界の舞台にのせるのだ。もちろん、ときどき仕事と生活を画す一線はひどくあいまいになる。夜中に猫に手首を噛まれて目を覚まし、夢うつつの状態から正気に戻ってカメラの録画ボタンを押し、世界中の視聴者に向かって、こうした場合はどうすればいいかを説明することもある。そんなときは、カメラも猫も視聴者も、みんなが満足してくれることを祈らずにはいられない。

この本を通じて伝えたかったテーマは〝解放〟だ。期待を手放し、勝手につくり上げていた自分の所有権を放棄する。宇宙という監督が描くビジョンで、僕の人生を演じる俳優になり、僕の夢を解き放つ。そして集大成として最後に毛皮に包まれた僕の分身ベニーの、実はつかめていなかった手綱を放す。

本書は七カ月あまり前にハードカバーで出版されたばかりだ。世間知らずに聞こえるかもしれないが、僕は出版したあとに何が待ち受けているか考えもせず本の執筆をはじめた。最初は純粋にベニーとの約束を果たしているだけだと思っていた。彼との物語を伝えているだけだと考えていた。結末の二十ページ部分から書きはじめたのだが、この過程は三十年ほど単語を書き連ねてきた僕のなかで、もっとも純粋な時間だった。

誰に見られてもかまわない。無我夢中で書いていったが、気がつくと僕は、自分を慰めるための心のタイムマシンに乗っていた。人の心にそんな仕組みがあるとは知らなかったが、少なくともそれは健康を損なうこともなく、正気を失うこともなく、そして社会的地位を失わずにすむ唯一の方法かもしれない。

これまで僕は、混乱と自己嫌悪、罪悪感を歌詞や詩に書くことで、愚かで未熟な自分を救ってきた。長い間のブランクがあったが、今回久しぶりに書くという感覚を味わい、まるで癒しが訪れたかのように気持ちが楽になった。

当然、本が刊行されるまでに事態は一変していた。作品というものは、いずれ過程と切り離して製品と呼ばねばならなくなる。アーティストとしては避けられないことだ。そこで僕も一歩さがって客観的に見てみると、自分が心の奥深くまでさらしてしまったことに気づいた。

〝おまえはいったい何を考えていたんだ？〟

サーチライト付きのヘリを操縦する警官と、やぶに隠れている犯人の両方になったつもりで、僕は自問した。そしてハードカバーの本が完成し、最初のひと箱が届くと、たちまちパニックに陥った。身体が透明になったような、言葉につまって逃げ出したくなるようなパニックだ。当然だろう。その本は僕の不安、依存、失敗への恐れを包み隠さず暴露しているのだから。だが、それ以上に冷や汗をかいたのはエピローグについてだった。

エピローグのテーマは「特別な瞬間をとらえること」だ。僕は本編の最後の数語を書き終えるとすぐ、プリンスの「ラブセクシー」をかけ、ヘッドホンの音量を目いっぱいにあげた。プリンスはそのアルバムを挑戦的な一枚としてリリースした。彼の言葉によると、このアルバムの音楽は一種のトリップだという――リスナーが手を出しても出さなくても、彼にはどうでもいいことだとも言っていた。

プリンスの思いと前向きな姿勢、聖なるものと完璧に程遠いものをまとめて受け入れる包容力に敬意を表して僕は再生ボタンを押し、アルバムの演奏時間中は猛烈な勢いで書きつづけた。

曲が終わると同時に文章を書き終え、協力してくれた作家のジョエル・ダーフナーに原稿の山を渡し、文法ミス以外は何ひとつ変えないでくれと頼んだ。苦労を乗り越えた先に何かがあったことを、読者に（もちろん僕自身にも）知ってほしかったからだ。

僕はこの人生で単純に何かを学べる実りある時期と、薬やアルコールでいかれていた偽りの絶頂期を繰り返していたわけではないし、依存症で自分を痛めつけ、マゾヒズムを実践しようとしていたのでもない。

ベニーの死に際して、僕はたしかに宇宙の真実を垣間見た気がしたし、あれは真の自由とすべてを包み込む愛を感じた瞬間だった。

刊行の翌日、僕はブックツアーという綱渡りのような危険で魅力的なイベントにどっぷり首までつかっていた。夜ごと行われるにぎやかなイベントに参加しているうちに、僕のなかでは自分が書いたエピローグも単に恐ろしいものではなく、スリリングな興奮を呼び起こしてくれるものに変わっていった。すぐに僕は気がついた。このめまぐるしい瞬間に楽しむべきことがひとつある。うっそうとした森のような心の迷いをくぐり抜けてようやくひと息ついたとき、誰しも目もくらむような一瞬の幸福を味わうことだろう。だがその幸福感を言葉で説明しようとしたら容易ではない。

来場者は夜ごとに増えつづけ、こちらの予想をはるかに上まわった。そして僕は解放される喜びと安らぎを感じていた。質問コーナーで、読者があるページ――あるフレーズでもいい――を選び、その部分を賞賛するか、あるいは痛烈に批判するかもしれない。だがいつのまにか僕は、その両方の可能性を含めてブックツアーを楽しめるようになっていた。それができるようになったからこそ、この幸福感を自分の信条として堂々と掲げられるようになったのだ。

ブックツアーをこなして数多くの〝猫好き人間〟たちと知りあい、僕は自分が苦闘のすえに築いたものが、みんなの共通の夢だったことを知った。僕の物語とよく似た人生を多くの人たちが経験していた。そしてどんなに苦しくても動物たちを抱きしめてきた人たちの物語を聞いて衝撃を受けた。

依存症者は独特の絆で結ばれているものだ。夢の中で叫ぼうとしても声が出ない。そういう経験は誰にでもあるだろう。僕はまさにそんなふうに声を奪われた人々が集まっている新興コミュニティの代表たちにも会った。そうした人々は、虐待され捨てられても心のまっすぐな動物たちを見て、そこに自身の姿を投影する。すると僕と同じように彼らもまた〝人間性〟にめざめ、周りに対して慈愛に満ちた対応で癒しを与えるようになる。しかしずっとあとになって〝あのとき救ったのはほかでもない、自分自身だった〟ことに気づくのだ。

初めて受け取った〝ファンレター〟のうちの一通は依存症仲間からだった。依存症二十年以上という〝ベテラン〟の彼は、『ぼくが猫の行動専門家になれた理由』を読んで、僕と同じ処方薬に毒されていると気がついたという。リハビリ施設に入る前に礼を伝えたかった、と手紙には書いてあった。

フェニックスで出会った女性は、ちょうど息子がリハビリ施設に入っているところだと言った。僕の母とよく似た女性で、疲れてはいても安心しきった表情をしていた。今夜は息子の居場所が分かっていて、ドラッグ依存症患者の親が恐れる電話を受けることがないと知っているからだ。彼女は息子アダムのために、僕に本のサインを頼んできた。

それから少し経って、〝禁断症状に苦しんでいる最中に本を読んだ〟という手紙がアダム本人から届いた。この本のおかげで、集中するに値するものが世の中にはあると気がついたそうだ。彼は七十日間薬物を断ち、今は地域の動物保護施設でボランティアの仕事を探している。

〝アダム、これはきみに捧げる本だ。きみは猫の本なんぞを読んで、自分の本質に気づいたことが照れくさいと言ったな？　だったら僕はいったいどうなる？　僕はずっと猫の本を〝書いている〟だけだと思っていたのに、その間に自分の強さとひらめきを見つけていたんだぜ。まったく、照れくさいなんてものじゃない〟

来場者たちの「イエス！」の大合唱に、僕は圧倒された。「〝あなた方それぞれのベニー〟への愛を、少しレベルアップして地域に広げてほしい」と頼んだ。

ブックツアーでは毎晩、訪れたコミュニティごとの展望が感じられた。静かな感謝のひとときや来場者とのやりとりを楽しんでいる途中で言葉につまり、涙がこぼれたこともある。これはそのあとに参加したどの保護施設のワークショップでも、資金集めのイベントでも、どの講演でも同じだ。

僕が声を大にして伝えたいのは、単に〝自分の猫が何を考えているかを知って、彼らを幸せにしてあげよう〟ということだけではない。この国で大量に捨てられるペットの殺処分をやめようという呼びかけでもあるのだ。僕はいつもこう訴える。

「あなたのベニーと、名前もなく寒さにふるえながら車の陰で眠る猫たちと、どこが違うというのですか?」

ツアー中は数えきれないほどの猫たちや人々の訪問を受けた。母親とはぐれ保護された子猫たち、養子の猫、ホスピスの猫、野良猫などなど。そして猫たちを愛し、本書のアドバイスを守って大事に飼いつづけている人たち。

どの地域でも最低一カ所は動物保護施設を訪ね、そこでボランティアやスタッフとおしゃべりをする機会に恵まれた。収容されている犬猫たちと過ごし、自分がそこにいる理由を毎回思い出すこともできた。僕の猫にちなんでベニーと名づけられた多くの施設の猫たちにも会った。ベニーの死は今なお鮮明に心に焼きついている。そして最後に交わした彼との約束が実りつつあるのが実感できた。

ベニーの死によって、僕は絶望の淵へと突き落とされた。一時は立ち直れないのではないかと思った。僕はこれまでペットを亡くした飼い主のカウンセリングには自信があった。しかし自分が経験し、その絶望のなかでこの本を書きあげたことで、人が心に抱く喪失感はみな同じものだと示すことができた。言葉はなくても人びとを助けられるはずだと信じている。

これまで経験したなかでいちばんつらかったのは——ドラッグを断つより、何年にもわたって施設で安楽死を施してきたことより、ベニーを失うよりもつらかったのは――ベニーの最後の様子を書いたことだ。

この本のオーディオブックの録音はもっとつらかった。とても人任せにできないのは自分でも分かっていたが、あの部分を朗読しようとしたときは心底恐ろしかった。またベニーの死を受け止めなければならない。何回も取り乱して録音に失敗するうち、ある技術者が親切にも作業を中断して、〝少し外の空気を吸ってきたほうがいい〟と言ってくれた。

コネティカット州のひんやりした外気に触れ、僕は祈った。どうしたら、またあんなつらい場面を耐えられるだろう？　答えはとっくに分かっていた。いよいよ、ただ物語を語るときが訪れたのだ。この録音作業がすべてを完成させる最後の行為になる。

僕は、書くことによってこの果てしない無力感と喪失感から脱却しようとして、本の執筆に取り組みはじめた。とにかく物語を語りたかったのだ。それがベニーとの約束でもあった。そしてついに足かせとなっている喪失感から抜け出して、ただ語るべきときがやってきたのだ。僕は録音ブースに戻り語った。そして驚いたことに、その瞬間、僕の悲しみの日々が終わった。

だから今年の年末は、瞑想しながらカウントダウンをしようと思う。僕にはいろいろな役割がある。多くの動物と飼い主たちに出会えたことに感謝の気持ちでいっぱいだ。そしてとてもうれしかった。この仕事で僕は元気を取り戻せた。

人間は動物の心にふれ理解することで、かわいそうな動物たちを救うことができるし、同時にわれわれ自身をも救うことにもなるのだ。僕は、〝神は愛〟だと思っているし、〝愛は親しい存在〟だと思っている。そして今では〝手放す〟ということがどういうことかも分かっている。

〝今年の新年の抱負は何だったか〟と聞かれれば、笑うしかない。今年も去年と同じように過ぎていくだけ。川は流れるべきところに流れていく。僕にできるのはうまく泳ぐことだけだ。

この本の中で、揺るぎない信念をもって努力しつづけることの大切さを確信してもらえたと思う。反面、それには責任と努力が求められるという事実に、戸惑いを感じる人もいるだろう。二〇一二年、僕も成長し、責任と努力の見返りに初めて鮮明な確信の瞬間を体験した。この先ずっと共に生きつづけるであろう確信という名の自信。あまりにも鮮明な感覚で、ロケットにしまい首にかけておこうと思った。

サンフランシスコで動物愛護協会の資金調達イベントに出ていたときのことだ。こんなに大規模な催しに参加したのは初めてだった。案内されて会場に入るやいなや、大勢の人に囲まれて身動きがとれなくなった。夜は参加者の猫の写真を見たり、犬を撫でたり、動物を引き取る相談に乗ったりもした。

圧倒されっぱなしでさすがに疲れてきて逃げ道を探していると、ひとりの男がやってきて無言で僕の前に立った。彼が下を向いたので僕も視線を落とすと、その男の娘が彼の足に隠れるようにしがみついていた。

男二人で六歳児の身長に合わせてしゃがみ込むと、父親は娘に「話してごらん」と言った。女の子は黙って首を振り、髪を揺らした。恥ずかしさのあまり泣きそうになっている。僕は、「言いたくなかったら言わなくていいけど、できればぜひ話を聞かせてくれないかな」とやさしく彼女に言った。

女の子が僕に手招きをした。このとき会場は混雑してひどく騒々しかったが、急に時間がゆっくりと流れ、僕の耳には女の子のささやきしか入ってこなくなった。

「あのね、あたし、大きくなったら、おじさんと同じお仕事がしたいの」

謝辞

まず、動物保護に関わる仲間たちに感謝する。駆け出しのころ、僕は知識とやりがいのある仕事が喉から手が出るほど欲しかった。サニー、リサ、ブリジット、ローラ、ブラッド、リザン、テレサ、サラ、レズリー、ローレン、ジェイソン、そしてナナ。きみたちがかぎりないサポートと笑い、建設的な話し合い、アドバイスと価値ある仕事を与えてくれたおかげで、僕は次の日に進めた。今ではきみたちに贈られたものをほかの人たちに贈ることができる。

ジャンとドリーも、ありがとう。きみたちはときどき、よくないと思いながらも僕にのびのびと好きなように行動させ、短期のバイトを生涯の仕事に変える手助けをしてくれた。

最後に、猫と移動譲渡ボランティアのみんな——レズリー、ペギー、ラリーなどなど——毎日きみたちと過ごして思いやりと知識を学ぶことができた。

家族にも感謝をしたい。常識からは程遠い人生設計（計画なんか立ててもムダ！）に頭を悩ませていた僕を、みんなはいつも応援してくれて、人間としての僕を誇りに思ってくれた。愛想が悪く、家族に無関心だったころも、僕を愛してくれてありがとう。

ジル！　世間の波に流されそうになったとき、目的を思い出させてくれて感謝するよ。きみのおかげで地に足がついた生活ができた。何があろうと、きみは僕の家族だ。

僕の出版界のチャンピオン、ジョイにもお礼を言いたい。きみが僕の言葉を信じてくれたから、ベニーはこれからも生きていける。

ジョエルにも感謝だ。きみはこの本の見事な骨格を作り、寛大に自信をもって僕に肉づけの仕方を手ほどきしてくれた。

ターチャー・ペンギン社のすばらしいリーダーたち！　サラ・カーダーとブリアナ・ヤマシタに感謝の意を表したい。僕にこの本を書く許可を与え、完成した作品を最大限にサポートしてくれたことを心から感謝する。またサリータ・ロドリゲスは、僕が締め切りを破るたびにメッセンジャーの役目を果たしてくれた。

ケンにもお礼を！　〝もういやだ、死にたい〟と思ったとき、絶望から救い出してくれてありがとう。

ジーン！　きみの言ったとおりだった！

トッドとケイト、いつもずっと、僕の音楽を信じてくれたね。

心をこめて、僕の楽園の手入れをする人たちに感謝を。シエナ・リー・テイジアリ、トースト・テイジアリ、ヘザー・カーティス、アダム・グリーナー、J・D・ロス、ブライアン・ロクリン、スーザン・ヴァン・サジャーン、デイヴィッド・ウォロック、ロブ・コーエン、マイク・ブルームとタミー・ブルーム、リンジー・ワインバーグ、マーク・デゲンコーブ、メリンダ・トポロフ。思いきってこの仕事場を作らせてくれてありがとう。

厳しい現実について説明してくれた人たちにもお礼を。ダイアン・イズラエル、ステファニー・ラズバンド、エイミー・キッシュ、クレイグ・チェスラー、ダイアン・ドーソン、ボビー・コロンビー、ケイト・ベンジャミン、ピーター・ウルフ、ミヌー・ラバー、アダム・カルースティアン、サラ・ペティット、スティーヴ・マレスカ。僕ひとりではとてもこの本を書くことはできなかった。大きなサポートと勇気を与えてくれてありがとう。

ドラッグと縁を切り、希望を求める世界中のみんなへ。絶対に明るい未来が待っているよ。

愛と光と僕からの〝マジカルアドバイス〟をあなたに！

ジャクソン・ギャラクシー

■著者紹介

ジャクソン・ギャラクシー

「猫の訓練士」から「猫の精神科医」まで、さまざまな呼び名で呼ばれている。アニマルプラネットの人気テレビ番組『マイ・キャット・フロム・ヘル（邦題：猫ヘルパー～猫のしつけ教えます～）』のホスト役として有名。猫への理解を深めてもらおうと、多くの人々に、独自に編み出した"猫へのアプローチ法"を提案している。現在は、個人を対象にしたコンサルティング業を営む傍ら、「猫の里親になって安楽死をなくそう」という活動にも関わり、シェルタースタッフやボランティア、一般の人々に向けて講演を行っている。キャロライン、チッピー、ヴェローリアという３匹の猫と、犬のルディと共に、ロサンゼルス郊外で暮らしている。

■訳者紹介

白井美代子（しらい・みよこ）

フィクション、実用書など、幅広く翻訳・編集業務に携わる。

翻訳・編集協力　株式会社ラパン
カバー写真　Kim Rodgers/Bark Pet Photography

2015年 1 月 3 日 初版第 1 刷発行

フェニックスシリーズ ㉕

ぼくが猫の行動専門家になれた理由

著　者　ジャクソン・ギャラクシー
訳　者　白井美代子
編　集　中村千砂子
発行者　後藤康徳
発行所　パンローリング株式会社
〒160-0023　東京都新宿区西新宿7-9-18-6F
TEL 03-5386-7391　FAX 03-5386-7393
http://www.panrolling.com/
E-mail　info@panrolling.com
装　丁　パンローリング装丁室
印刷・製本　株式会社シナノ

ISBN978-4-7759-4131-7